„Diese Bars, so kurz nachdem sie aufgemacht haben für den Abend – da fühle ich mich richtig wohl. Wenn die Luft drinnen noch kühl ist und rein und alles glänzt und der Barmann seinen letzten Blick in den Spiegel wirft, um zu sehen, ob seine Krawatte auch gerade sitzt und sein Haar schön glatt. Ich mag die sauberen Flaschenreihen auf dem Regal hinter der Theke und die blitzblanken Gläser und die ganze Erwartung, die darüber liegt. Ich sehe dem Mann gerne zu, wie er den ersten des Abends mixt und ihn auf einen frischen Untersatz stellt und die kleine gefaltete Serviette daneben legt. Ich liebe es, den ganz langsam zu kosten. Der erste stille Drink des Abends in einer stillen Bar – das ist etwas Wundervolles."

Raymond Chandler

Dirk Hohnsträter

Qualität!

Von der Kunst, gut gemachte
Dinge zu entdecken, klug zu
wählen und genussvoll zu leben

Brandstätter

EINLEITUNG

Es riecht nach Leder, Klebstoff und Zigarettenrauch. Durch dicke Glasbausteine fällt das Spätnachmittagslicht auf eine Wand voller Werkzeuge, während in hölzernen Schubladen Schmirgelpapier, Nieten und Nägel lagern. Auf dem großen Arbeitstisch in der Mitte des Raumes türmen sich Stoffballen, die vermessen und mit einer schweren Schere zugeschnitten werden. Bald darauf übertönt das Rattern einer Nähmaschine die Musik aus dem Kofferradio. Schritt für Schritt verwandelt sich ein durchgesessenes Sofa wieder in ein ansehnliches Sitzmöbel, erstrahlen die Polster eines Oldtimers in dunkelrotem Leder. So habe ich sie in Erinnerung: die Werkstatt meines Vaters. Im Rückblick kommt es mir vor, als sei ich dem Thema dieses Buches dort zum ersten Mal begegnet. Denn in seinem kleinen Raumausstattungsbetrieb ging es darum, sich auf eine Sache zu verstehen, mit Sorgfalt an eine Aufgabe heranzugehen und seine Arbeit gut zu machen. Bis heute habe ich nicht vergessen, wie man metallene Knopfrohlinge mit einem Stoffüberzug versieht, eine Tätigkeit, mit der ich mir als Schüler das Taschengeld aufbesserte. Unter Aufbietung einiger Kraft betätigte ich eine sperrige Spindelpresse vom Typ „Astor 51M". Je nach Stoff musste der Druck unterschiedlich ausfallen, sonst purzelten die Einzelteile wieder auseinander, und die ganze Mühe konnte von vorn beginnen. Das Gelingen der Arbeit erforderte Können und Konzentration. Andernfalls gaben die Ergebnisse keinen Anlass zur Freude. Zum Arbeitsethos der Werkstatt zählte es sogar, selbst dann noch gewissenhaft vorzugehen, wenn ein nachlässig verarbeitetes Detail von außen gar nicht sichtbar war. Mehr als einmal entrüstete sich mein Vater in seinem blauen Kittel über das schlampig gefertigte Innenleben teurer Designobjekte, die jemand zur Reparatur gebracht hatte. Es widerstrebte ihm, dass die Hersteller es an Akkuratesse mangeln ließen, sobald der Pfusch dem ersten Augenschein entging. Für ihn war Qualität eine Frage der Haltung, mit der man an die Dinge herangeht.

Gut 20 Jahre später sitze ich mit ein paar Gleichgesinnten vor einem Berg von Schokolade. Wir befinden uns in Berlin, wo zu Beginn des 21. Jahrhunderts in leerstehenden Ladenlokalen mit niedrigen Mieten eine neue Generation inhabergeführter Lebensmittelgeschäfte entsteht. Sie unterscheidet sich vom alten Feinkosthandel nicht nur durch ihr frischeres Design. In den neuen Nischen geht es um die Herkunft und die Herstellung der Produkte, vor allem aber darum, aus den Grundzutaten ein Optimum an Geschmack herauszuholen. Kakao ist einer jener Rohstoffe, der dank unabhängiger, eigensinniger Erzeuger erst jetzt in seiner ganzen Aromatik erschlossen wird. Da sitzen wir also, ein paar kulinarisch Entdeckungsfreudige und der Gründer eines kleinen Schokoladengeschäfts, umgeben von Tafeln aller Art. Alles soll seine Chance bekommen: überzuckerte Industrieware ebenso wie Bitteres mit sägemehlartiger Textur, vom Konditor umgegossene Kuvertüren und teure Traditionsmarken, schließlich die ungewöhnlich klein ausfallenden Päckchen neuer Produzenten, die eine avantgardistische Kakaokultur versprechen. Welche taugen wirklich etwas? Wir wollen es wissen und verkosten geduldig Tafel für Tafel. Frustrierend viele schmecken nicht – und zwar in jeder Preislage. Bisweilen aber stellen sich geschmackliche Offenbarungen ein, die an Intensität und Aromenfülle alles in den Schatten stellen, was wir bislang als Schokolade kannten. Dann schmecken wir Honig und geröstete Mandeln, getrocknete Datteln, Sauerkirschkonfitüre und frische Papaya, Karamell und Tabaknoten. Kakao enthält rund 600 aromatische Bestandteile, und für eine gute Tafel bedarf es lediglich der Kakaomasse und etwas Rohrzucker. Als unsere kleine Runde sich die neue Kakaowelt erschloss, fehlte mir jedes warenkundliche Wissen, obwohl ich seit

> **Wer auf Qualität Wert legt, muss sich auf die Dinge einlassen, seine Sinne schulen und unterscheiden lernen. Denn bei einem umfassenden Qualitätsverständnis geht es letztlich darum, was uns wirklich wichtig ist, womit wir Umgang haben wollen, was der Welt guttut und das Leben besser macht.**

meiner Kindheit gern Schokolade gegessen hatte. Die neue Kakaokultur warf eine Vielzahl von Fragen auf: Welche Bohnensorten gibt es eigentlich, und welchen Geschmack haben sie? Ist die klassische 100-Gramm-Tafel das optimale Format, oder sollte Schokolade besser in kleineren, dünneren Portionen verkostet werden? Woran erkennt man überhaupt ein gutes Stück Schokolade? Zeigt es sich am Bruch, am Schmelz, an der Fülle der Aromen? Auf den ersten Blick konnte die neue Kakaokultur als ein rein kulinarisches Projekt missverstanden werden. Sie etablierte jedoch von Anfang an ein erweitertes Qualitätsverständnis, das den Weg von der Tafel zur Bohne zurückverfolgte und bei den Herstellungsbedingungen der Rohware ankam. Aus welchen Ländern stammt der Kakao, und wie ergeht es den dort ansässigen Bauern? Ist es besser, auf zertifizierten Biobohnen zu bestehen, oder sollte man lieber vertrauensvolle Handelsbeziehungen mit Produzenten pflegen, die sich weder Zertifizierungen noch Pestizide leisten können? Wie setzen sich überhaupt die Preise zusammen, und wie viel muss man mindestens zahlen, damit die Tafel einer alle Aspekte einbeziehenden Qualitätsidee entspricht?

Die Werkstatt meines Vaters, eine neue Kultur des Kakaos: Was beide Beispiele verbindet, ist die Ausrichtung auf Qualität. Drehte sich beim ersten alles darum, seine Arbeit mit Sachverstand und Sorgfalt zu verrichten, so kam es beim zweiten darauf an, das gut Gemachte ausfindig zu machen und es kenntnisreicher zu genießen. Beide Male mussten sich die Beteiligten mit den Dingen beschäftigen, sei es, um ihr Handwerk zu meistern, sei es, um sich nicht mit dem Vorgefundenen zufrieden zu geben, wenn es vielleicht Besseres gibt. Könnerschaft und Kennerschaft – das sind die zwei Seiten einer Kultur der Qualität. Wer sich auf sie einlässt, steht vor einer Fülle von Fragen: Woran kann ich Qualität erkennen? Gibt es generelle Kriterien, oder variieren die Antworten, je nachdem, ob es darum geht, wie wir uns ernähren, was wir anziehen, wie wir wohnen oder wie wir mit unserer Zeit und unserer Aufmerksamkeit umgehen? Muss man sich Qualität leisten können, oder findet sie sich gerade in Bereichen, die man für Geld nicht kaufen kann? Was kann ich tun, wenn mir die Zeit zur intensiven Auseinandersetzung fehlt? Und macht das Genießen überhaupt noch Spaß, wenn man sich allzu akribisch in die Dinge reinkniet? Mit solchen Fragen beschäftigt sich dieses Buch. Wie auch immer die Antworten ausfallen werden, eines steht fest: Wer auf Qualität Wert legt, muss sich auf die Dinge einlassen, seine Sinne schulen und unterscheiden lernen. Denn bei einem umfassenden Qualitätsverständnis geht es letztlich darum, was uns wirklich wichtig ist, womit wir Umgang haben wollen, was der Welt guttut und das Leben besser macht.

Die Dinge des Lebens

Wenn Sie dieses Buch in Händen halten, geht es Ihnen wahrscheinlich wie mir: Sie sind den Dingen des Alltags gegenüber nicht gleichgültig. Willkommen in jener kleinen, aber stetig wachsenden Gruppe von Menschen, die einen etwas weiteren Weg in Kauf nehmen, um ein schmackhaftes Brot oder einen wirklich guten Espresso zu bekommen, die vor dem Kauf langlebiger Güter erst einmal recherchieren und die Ansicht teilen, dass es einen Unterschied macht, womit wir uns umgeben, wie wir uns kleiden und was wir essen und trinken.

Dabei geht es erst einmal gar nicht ums Geld, sondern um eine Art und Weise, an die Dinge heranzugehen. Ich kenne Menschen mit schmalem Budget, die sich intensiv mit Alltagsgegenständen auseinandersetzen – und wohlhabende Leute, denen jeder Sinn für Fragen der Lebensart abgeht. Die meisten Menschen nehmen wohl eine eher pragmatische Haltung zur materiellen Kultur ein. Sie betrachten die Dinge des täglichen Bedarfs vor allem unter dem Gesichtspunkt ihres Preises und ihrer Nützlichkeit – sei es, weil sie glauben, beschränkte finanzielle Möglichkeiten ließen wenig Raum für besondere Qualität, sei es, weil sie den Konsum vor allem als eine lästige Notwendigkeit, wenn nicht gar als Ursache zahlreicher Weltprobleme ansehen. Unsere Sprache ist merkwürdig arm, wenn es um das geht, was „Verbraucherinnen und Verbraucher“ tun. Das unglückliche Wort „Konsum“ unterschlägt so vieles von dem, was wir mit den Sachen machen: Wir begehren und verzehren sie, wählen sie aus und arrangieren sie, hantieren damit und richten uns in der Welt ein, gestalten sie um, verbinden Erinnerungen mit ihnen und Vorstellungen von dem, was einmal sein wird. Unser Sachbesitz, darüber sind sich Konsumforscherinnen einig, teilt etwas mit über diejenigen, die ihn auswählen und sich aneignen. Mit der materiellen Kultur drücken Menschen ihre Werte, Träume und Hoffnungen aus, sagen, wer sie sind und wer sie sein wollen.

Aber werden die Dinge des täglichen Lebens nicht viel zu hoch gehängt, wenn man sie als Träger von Wertvorstellungen begreift? Sind sie denn wirklich so viel mehr als profane oder sogar vom eigentlichen Leben entfremdende Äußerlichkeiten? Und sollte man, anstatt auf die zeitintensive und vielfach auch kostspielige Suche nach qualitätvollen Gegenständen zu gehen, sich nicht lieber so wenig wie möglich mit banalen Alltagsdingen beschäftigen? Allein schon, um dadurch Zeit zu gewinnen für Wichtigeres – wie zum Beispiel das öffentliche Leben, soziale Beziehungen oder kreative und geistige Aktivitäten?

Solange die Auseinandersetzung mit Alltagsgegenständen nicht zum Ersatz für andere, keineswegs weniger wichtige Aspekte des Lebens wird, lässt sich dieser Einwand leicht entkräften. Denn die Dinge sind nun einmal ein unumgänglicher Teil unseres Daseins. Warum also sollten wir nicht das Beste daraus machen, sie mit Bedacht wählen, interessiert mit ihnen umgehen und sie zu schätzen wissen? Zu sehr ist unser Leben mit materiellen Dingen verwickelt, als dass uns nicht sehr viel entginge, wenn wir eine rein pragmatische Haltung ihnen gegenüber einnähmen. Ist es nicht merkwürdig, dass wir ausgerechnet über jene Sachen, mit denen wir tagein, tagaus zu tun haben, so wenige Kenntnisse besitzen? Wissen wir, woran man eine schmackhafte Tomate erkennt? Einen Pullover, der mehr als ein paar Wäschen übersteht? Warum eigentlich vernachlässigt die Schule so etwas wie Alltagskunde? Müsste denn die Erziehung nicht, wie es beispielsweise der Berliner Einzelhändler Andreas Murkudis fordert, „heute viel stärker eine Gebrauchsanweisung fürs Leben sein. Also auch Materialkunde, wie alles mit allem zusammenhängt. Ich finde, man sollte den Kindern viel mehr zeigen, wie die Welt funktioniert. Wie hart es zum Teil sein kann, bis du zu einem Produkt kommst."

Zugegeben, die Beschäftigung mit materiellen Dingen kann unverhältnismäßig viel Platz im Leben eines Menschen einnehmen, zum Fetisch gemacht und bis zur Lächerlichkeit intellektualisiert werden. Doch in der Regel trifft in unserer Gesellschaft eher das Gegenteil zu, nämlich eine merkwürdige Vernachlässigung der materiellen Kultur. Merkwürdig, weil das, was Kulturwissenschaftlerinnen unsere Objektbeziehungen nennen, einen zentralen Zugang zur Wirklichkeit, eine elementare Verbindung unseres Selbst mit der Welt darstellt. In einer Einführung in sein Denken hat der französische Philosoph Bruno Latour diesen Gedanken einmal sehr anschaulich erklärt: „Wenn Sie mit unbewegtem Gesicht behaupten können, dass es genau dieselbe Tätigkeit ist, einen Nagel mit und ohne Hammer einzuschlagen (...), dann sind Sie im Begriff (...), aus dieser niederen Welt zu verschwinden. Für all die anderen Gesellschaftsmitglieder macht es einen Unterschied, der unter Erprobung deutlich wird." Denkt man Latours Beispiel weiter, so macht es nicht nur einen Unterschied, *ob* ein Hammer an einer Handlung beteiligt ist, sondern auch, *welcher* Hammer daran beteiligt ist, wie dieser Hammer beschaffen ist, was er erleichtert, was er erschwert, ob es Freude bereitet, ihn in der Hand zu halten – und ob er gut genug gemacht ist, um auf lange Sicht in Gebrauch zu bleiben.

In seiner *Kritik der warenästhetischen Erziehung* vertritt der Kulturwissenschaftler Wolfgang Ullrich die Überzeugung, dass Menschen, die käufliche Dinge weder pauschal verdammen noch sich ihnen bloß passiv hingeben, „zu neuen Standards der Konsumkultur beitragen" könnten. So gesehen, gehört es geradezu zum Erwachsenwerden einer Gesellschaft und ihrer Mitglieder, den Qualitätsanalphabetismus hinter sich zu lassen, der unsere Gegenwart an so vielen Stellen prägt. Fragt sich nur: wie? Wie kann man sich in der überwältigenden Menge der Dinge zurechtfinden und das Schlechte und Mittelmäßige vom Guten und Herausragenden unterscheiden? Nicht nur gab es nie zuvor in der Geschichte der Menschheit ein so breit gefächertes Warenangebot wie heute. Es war auch noch nie ein so vielfältiges Angebot an exzellenten Produkten verfügbar. Zugleich hat das gesellschaftliche Gespräch über Qualität drei Richtungen eingeschlagen, die wenig Lust auf eine tiefere Auseinandersetzung machen. Die erste besteht im Anprangern von Schwindel und Skandalen, etwa im Bereich der Lebensmittel. So sinnvoll es zweifellos ist, Missstände aufzudecken, so sehr schafft die Konzentration auf Negativbeispiele ein Klima des Verdachts und der Empörung, auch gegenüber dem Besseren. Aufgeregtheit nährt den Fatalismus, als lauere hinter jeder ehrlichen Anstrengung bereits der nächste Betrug. So kann keine Kultur der Qualität wachsen, denn wer ständig annimmt, über den Tisch gezogen zu werden, versäumt das Beste, das die Welt bereithält. Die zweite Richtung plädiert zwar für neue Formen von Wohlstand und gutem Leben, scheut aber vor konkreten Aussagen über deren Beschaffenheit zurück. Sei es, weil die Autoren es selbst nicht so genau wissen, sei es, weil man sein Publikum nicht bevormunden möchte, bleiben die Alternativen vage – und aufgeschlossene, qualitätssuchende Menschen auf sich gestellt. Die dritte Richtung schließlich wählt das gegenteilige Extrem: Sie gibt, bisweilen von kaum versteckten kommerziellen Interessen geleitet, sehr konkrete Kaufempfehlungen, ohne jedoch dabei zu helfen, sich tiefergehend mit den angepriesenen Dingen auseinanderzusetzen. Das mag zwar gut gemachten Produkten auf dem Markt helfen, trägt aber wenig dazu bei, Menschen in die Lage zu versetzen, selbst fundierte Qualitätsurteile zu bilden.

Dieses Buch geht einen anderen Weg. Jenseits von Werbeversprechen und fundamentaler Konsumkritik begibt es sich auf die Suche nach einer Kunst des Unterscheidens, die das eigenständige Erschließen gut gemachter Dinge erleichtert. Es will nicht vorschreiben, was man kaufen oder wie man leben soll, sondern zeigen, wie man vorgehen und worauf man achten kann, wenn Qualität einem etwas bedeutet.

Eine Entdeckungsreise

Das Wissen zum Thema Qualität ist über viele Bereiche verstreut. Drei Quellen erwiesen sich bei meiner Entdeckungsreise in das unübersichtliche Terrain des Gelungenen und gut Gemachten als besonders ergiebig: die Kulturgeschichte des Konsums, Gespräche mit Praktikern aus der qualitätsorientierten Wirtschaft und die intensive Auseinandersetzung mit einzelnen Produkten. Ein kurzer Überblick über die drei Spuren, denen ich auf der Suche nach einem zeitgemäßen Qualitätsverständnis nachgegangen bin, zeigt die Richtung, die dieses Buch einschlägt.

Bereits im späten 18., vor allem aber im 19. und frühen 20. Jahrhundert entstanden die sogenannten Warenkunden, zunächst für Kaufleute, später auch für Endverbraucher. Diese Lexika beschäftigten sich mit Herkunft, Herstellung, Eigenschaften, Verarbeitung, Gebrauch und Güte käuflicher Dinge. Seit der zweiten Hälfte des 19. Jahrhunderts traten zudem konsumkritische Stimmen auf. So verglich der britische Kunsthistoriker John Ruskin die ihren Siegeszug antretenden Industrieprodukte mit handwerklich gefertigten Gegenständen, stellte die Solidität der Massenware infrage und beklagte deren ästhetisches Niveau. Um die Jahrhundertwende bemühten sich Museumsdirektoren wie Karl Ernst Osthaus in Hagen und Gustav E. Pazaurek in Stuttgart darum, die Konsumentinnen durch Beispielsammlungen zu schulen. Große Bedeutung in den Qualitätsdebatten der klassischen Moderne erlangte der 1907 von Gestaltern, Politikern und Unternehmern ins Leben gerufene Deutsche Werkbund, dessen vielfältige Initiativen bis in die 1950er und 1960er Jahre hinein großen Einfluss hatten. Vor allem im Bereich der Wohnungseinrichtung und der Haushaltswaren bezogen die Werkbundmitglieder Position, gaben Kaufwilligen Rat und entwickelten vom Werkbund als mustergültig erachtete Waren. Je vielfältiger das Angebot in der Konsumgesellschaft der Nachkriegszeit wurde und je weniger sich ästhetische Vorlieben vorschreiben ließen, desto mehr verlagerte sich die Auseinandersetzung um Qualität von stilkritischen Kampagnen auf technische Funktionsprüfungen, beispielsweise durch die 1964 gegründete Stiftung Warentest. Seit den 1970er Jahren gewann eine erweiterte Qualitätsidee an Bedeutung, die unter anderem faire Handelsbeziehungen und ökologische Verträglichkeit berücksichtigt. In der Gegenwart ist zudem die wachsende Bedeutung von Amateuren auffällig, die ihre Expertise im Internet zugänglich machen, ferner die Ausweitung von Qualitätsdiskussionen auf digitale Produkte.

Es ist jedoch nicht nur das Wissen der Kenner, sondern ebenso das Know-how der Könner, aus dem sich etwas über Qualität lernen lässt. Dieses praktische Wissen findet sich in alten Werkstätten ebenso wie bei jungen Gastronomen oder engagierten Softwareentwicklerinnen – überall dort, wo Herstellerinnen und Händler ihr Augenmerk vor allem darauf richten, was die Dinge taugen. Teils handelt es sich um Ausbildungsinhalte, wie sie beispielsweise professionellen Köchen oder Winzerinnen vermittelt werden, teils um das, was der österreichisch-ungarische Wissenschaftstheoretiker Michael Polanyi „stilles Wissen“ genannt hat. Darunter verstand er Fertigkeiten, die die Handelnden zwar beherrschen, aber nicht in Worte zu fassen vermögen. Um dieses in der Praxis verborgene Wissen für eine qualitätsinteressierte Unterscheidungskunst fruchtbar zu machen, habe ich eine Reihe unbeirrbarer Enthusiasten aus den unterschiedlichsten Metiers befragt, darunter einige der Besten ihres Fachs. Ich sprach mit einem Lederwarenspezialisten in Paris und einem Obstkelterer vom Niederrhein, mit einem japanischen Modeschöpfer und mit Pfälzer Winzern, mit einem Schweizer Zigarrenhändler und den Betreiberinnen von Eis-, Kaffee- und Schokoladenmanufakturen in Berlin. Ich besuchte eine Seifenmanufaktur in Marseille und einen Möbelproduzenten im Dreiländereck Deutschland-Schweiz-Frankreich. Wie in einem Making-of konnte ich bei Könnern hinter die Kulissen blicken und dabei nicht nur viel über das Thema dieses Buches erfahren, sondern auch Menschen kennenlernen, deren Leidenschaft für Qualität vermeintlich unumstößliche Gesetze der Wirtschaft erfolgreich auf den Kopf stellt. Allenthalben tut sich etwas: Restaurants bieten statt überlanger Speisekarten lieber einige wenige, marktfrische Tagesgerichte an. Junge Modemacherinnen entdecken fast vergessene Webereien und verbinden die Qualität traditioneller Fertigung mit zeitgemäßem Design. Softwareexperten entwickeln einen Code, der den Energieverbrauch von Computern und Servern verringert. Wer erst einmal damit begonnen hat, der Qualitätswirtschaft auf die Spur zu kommen, kann spannende Geschichten erzählen von Menschen, die nach ihrer eigenen Agenda leben und sich bemühen, die Welt mit ihrem Lebenserwerb und ihren Kaufentscheidungen ein wenig besser zu machen.

Neben dem Wissen der Kenner und der Könner gibt es noch eine dritte Quelle für eine zeitgemäße Qualitätskunde: das, was ich das

Wissen der Dinge nennen möchte. „Alle Geräte sind sedimentiertes Wissen“, schreibt der Kulturwissenschaftler Hartmut Böhme in seinem Buch *Fetischismus und Kultur*. Er macht damit darauf aufmerksam, dass die Dinge selbst etwas darüber mitteilen, wie sie gemacht sind, was man mit ihnen anstellen kann und welche Geschichte sie haben. Wer sich mit materieller Kultur beschäftigt und Gegenstände genau in Augenschein nimmt, mit ihnen hantiert oder sie sogar zerlegt, kann viel über Qualität in Erfahrung bringen. Eine ganze Reihe renommierter Gestalter erzählt, dass sie sich durch das Auseinandernehmen und erneute Zusammensetzen gelungener Gegenstände einen nicht unerheblichen Teil ihres Handwerks beigebracht haben. Auf Konsumentinnenseite können Initiativen wie Reparaturcafés oder die Website iFixit, die durch das Zerlegen elektronischer Geräte (sogenannter Teardowns) bekannt geworden ist, als Indiz einer Ökonomie gedeutet werden, in der sich das Interesse vom Marketing auf die Machart der Produkte verlagert. Allerdings greift ein Qualitätsverständnis zu kurz, das lediglich die technische Zusammensetzung und Funktionalität von Dingen einer Prüfung unterzieht. Eine umfassende Beschäftigung mit der Qualität von Alltagsdingen berücksichtigt, wie wir immer wieder sehen werden, ebenso ethische und ästhetische Aspekte.

Unterscheiden lernen

In diesem Buch geht es darum, die materielle Kultur weder unangemessen zu überhöhen noch vorschnell als trivial abzutun. Stattdessen will es die Dinge des Alltags ernst nehmen und Unterschieden nachspüren: den Geschmacksnuancen eines Weines ebenso wie den Nähten einer Jacke oder dem Code einer App. Es will dabei helfen, eine Sprache zu finden, die es erlaubt, sich über Qualitäten zu verständigen und die Freude am Gelungenen zu teilen. Es geht ganz einfach darum, sich im Bereich der Alltagskultur neuer Möglichkeiten bewusst zu werden, durch einen sensibilisierten und kundigeren Umgang mit den Dingen diese intensiver zu genießen und dadurch bisweilen sogar zu einer besseren Welt beizutragen.

Kapitel 1 spannt den zeitgeschichtlichen Rahmen auf, aus dem heraus sich das neue Interesse an Qualität zu Beginn des 21. Jahrhunderts entwickelt hat. Kapitel 2 sichtet und sortiert Positionen zu der ebenso grundlegenden wie notorisch schwer zu beantwortenden Frage, was Qualität denn nun eigentlich sei. Dazu räumt es erst einmal mit fünf Missverständnissen auf, die einer zeitgemäßen Auffassung im Weg stehen, um sodann einen eigenen Vorschlag zu entwickeln und diesen an konkreten Beispielen zu erproben. Das dritte Kapitel unternimmt eine Exkursion in das aufregende Feld der stetig an Zugkraft gewinnenden, neuen Qualitätswirtschaft. Im vierten Kapitel wende ich mich praktischen Vorgehensweisen, Tipps und Kniffen zu, mit denen qualitätszugewandte Menschen Kennerschaft erlangen können. Kapitel 5 und 6 setzen sich mit zwei Bereichen auseinander, die im Zusammenhang mit dem Thema Qualität besonders heftig diskutiert werden: Geld und Zeit. Abschließend geht es um die Falle des Perfektionismus, die der Begeisterung für Qualität ihre Lebendigkeit nehmen kann – und um die Frage, inwiefern gut Gemachtes zur allgemeinen Qualität des Lebens auf dieser Welt beitragen kann.

Bevor Sie weiterlesen, möchte ich Ihnen einen Vorschlag unterbreiten: Begleiten Sie die weitere Lektüre mit einer kleinen Übung. Suchen Sie sich beispielsweise einen Wein aus, den Sie im Laufe des Lesens intensiver kennenlernen möchten. Vergleichen Sie verschiedene Lagen oder Jahrgänge miteinander, am besten im Freundeskreis. Oder nehmen Sie einen Gegenstand auseinander, auf dessen Innenleben Sie schon immer neugierig waren. Begeben Sie sich kurzerhand selbst auf die Suche, und kultivieren Sie Ihren Sinn für Qualität. Das macht Spaß. Es gibt dabei viel zu entdecken. Nur auf eines müssen Sie sich gefasst machen: Wer einmal Höherwertiges kennengelernt hat, will kaum wieder dahinter zurück. Sie werden schlecht gemachten Sachen keine besondere Aufmerksamkeit mehr schenken, ganz einfach, weil Sie das Interesse daran und die Lust darauf verloren haben und sich Ihre Neugier unwillkürlich auf die gelungenen Dinge richtet. Eine Menge zeitraubender und mühseliger Auswahlprobleme erledigen sich dann von selbst. Allein das macht das Leben leichter. Und interessanter. Und schöner. Probieren Sie's aus!

KAPITEL 1

Die Vorherrschaft des Vielen

Die Jahre, während derer ich meinem Vater in seiner Werkstatt aushalf, zählten zu den letzten Ausläufern einer Periode, die der französische Ökonom Jean Fourastié als *Trente Glorieuses* bezeichnet hat. Gemeint sind die drei Jahrzehnte nach dem Ende des Zweiten Weltkriegs. Bis Mitte der 1970er Jahre, so Fourastié, war die Wirtschaft in den entwickelten Ländern des Westens von ungebremstem Wachstum und einem stetig steigenden Lebensstandard gekennzeichnet. Wir lebten in einer Zeit des Mehr: mehr industrielle Produktion, mehr verfügbare Konsumgüter, mehr Beschäftigung, höhere Löhne, steigende Sozialleistungen und zunehmende Geburtenraten (der sogenannte Baby Boom). Das quantitative Wachstum zeigte sich nicht zuletzt im Alltagsleben. Ich erinnere mich, dass die Werkstatt zunächst eine dreistellige Telefonnummer hatte, dann wurde eine vierstellige vergeben, wieder ein paar Jahre später bekam sie von der Bundespost eine fünfstellige zugeteilt. An der Länge der Rufnummern zeigte sich die wachsende Anzahl der Telefonanschlüsse in unserer Kleinstadt. Wohlstand, das bedeutete „die Vervielfältigung der Dinge, Dienstleistungen und materiellen Güter", wie der französische Denker Jean Baudrillard die Konsumgesellschaft bereits 1970 beschrieb. „Die Anhäufung", bemerkte er treffend, „die Fülle ist offenbar das entscheidende deskriptive Merkmal."

50 Jahre später trifft Baudrillards Befund für weite Teile des Wirtschaftens und Lebens unvermindert zu. So verfünffachte sich zwischen 1975 und 2010 die Anzahl der durchschnittlich von einem amerikanischen Supermarkt vorgehaltenen Waren, wie das Magazin *The Economist* berichtet. Durchschnittlich sind es knapp 50 000 Produkte, die ein solcher Markt vorrätig hält. Die fetten Jahre, so scheint es, sind zumindest im globalen Norden noch immer nicht vorbei. Zudem macht die Globalisierung praktisch jedes Produkt auf diesem Planeten verfügbar, und der digitale Wandel erweitert die schier un-

begrenzte Zugänglichkeit auf immaterielle Güter. Gleichwohl teilen zahlreiche Expertinnen die Diagnose des Publizisten Meinhard Miegel, der in seinem Buch *Exit* zu dem Schluss kommt, „dass der auf Wirtschaftswachstum gegründete Wohlstand die Wohlstandsform einer historischen Epoche war, die mit dem 20. Jahrhundert endete. Der Wohlstand des 21. Jahrhunderts ist ein anderer." Die These dieses Buches lautet: Der neue Wohlstand dreht sich nicht um Quantität, sondern um Qualität.

Um zu verstehen, warum das quantitative Wohlstandsmodell an seine Grenzen geraten ist, widmen sich die folgenden Seiten erst einmal dem Siegeszug der Fülle und ihren problematischen Folgen. Denn wer verstehen will, was es mit Qualität auf sich hat, muss sich zuvor in die Höhle der Löwin wagen und mit ihrer zwar mitunter nur vermeintlichen, zumeist aber tatsächlichen Gegenspielerin befassen – der Quantität.

Wer verstehen will, was es mit Qualität auf sich hat, muss sich zuvor in die Höhle der Löwin wagen und mit ihrer zwar mitunter nur vermeintlichen, zumeist aber tatsächlichen Gegenspielerin befassen – der Quantität.

DIE VERFÜGBARKEIT DER DINGE

Die Moderne ist ein Zeitalter der Steigerung menschlicher Möglichkeiten, des Größer, Höher, Weiter, Schneller, Mehr. Ihre Geschichte ist eine von Überschreitung, Entgrenzung und Expansion. Zunächst durch immer raffiniertere Werkzeuge, dann mithilfe von Maschinen und technischen Apparaten erweiterten sich mit jedem neuen Jahrhundert die Spielräume des Subjekts. Angetrieben durch wissenschaftlichen Fortschritt und freien Wettbewerb gelang es der Menschheit nicht nur, Armut, Elend und Krankheiten in vielen Teilen der Welt einzudämmen, sondern immer mehr Menschen eine nie zuvor gekannte Zahl an Wahlmöglichkeiten zu eröffnen – gerade auch denjenigen, die sie nicht bereits durch ihre Herkunft genossen.

Seit Beginn der Industriellen Revolution in der zweiten Hälfte des 18. Jahrhunderts hat die Vielzahl der Dinge, die uns umgeben, die Vielfalt der Dienstleistungen, die uns auf Trab halten, und die Menge der Möglichkeiten, die ein einzelnes Gerät (wie etwa ein Smartphone) eröffnet, stetig zugenommen. Es gibt ganz einfach immer mehr für immer mehr Menschen. Bereits im 19. Jahrhundert stieg die Zahl der durchschnittlich zu einem Haushalt gehörigen Gegenstände so sehr an, dass Kulturhistoriker von einem „Saeculum der Dinge" sprechen. Bürgerliche Wohnungen der Gründerzeit zeichneten sich oftmals durch eine überbordende Menge gehorteter und gesammelter Objekte aus, eine wuchernde Dichte, gegen die avantgardistische Bewegungen wie das Bauhaus antraten.

Die Ausweitung der Warenproduktion blieb nicht ohne Folgen. So macht der Konsumhistoriker Detlef Briesen darauf aufmerksam, dass sich um die Jahrhundertwende das Verhältnis von Qualität und Quantität veränderte: „Statt wenige Stückzahlen teuer zu verkaufen, verlegten sich die Warenhäuser auf den bisher nicht möglich gewesenen Massenabsatz von zuvor als minderwertig eingeschätzter Qualitäten.“ Die Zunahme der Dinge erfolgte auf Kosten ihrer Qualität. Freilich gilt die Gegenüberstellung von Masse und Klasse nicht uneingeschränkt. Sei es, weil im Laufe der Industriegeschichte bessere Maschinen erfunden wurden, sei es, weil Produzenten maschinelle Fertigung mit handwerklichem Feinschliff verbanden, oder sei es, weil Hersteller bestimmte standardisiert hergestellte Waren von Grund auf mit hohem Qualitätsanspruch konzipierten, bedeutete Massenproduktion nicht zwangsläufig den Ausstoß geringwertigerer Güter. Der britische Designer Jasper Morrison hat dies in seinem Buch *The Good Life* am Beispiel des Nagels sehr schön herausgestellt: „Nails have to be amongst the most democratic of inventions. Cheap, readily available, easy to use, and allowing the user to improve the conditions of daily life with a few blows of the hammer.“

Gleichwohl hatte die serielle Fertigung selbst dann Auswirkungen auf das Verhältnis der Menschen zu ihrem Sachbesitz, wenn die Produzenten Massenware in passabler Qualität herstellten. „Die Maschine“, bemerkt der Soziologe Richard Sennett, „führte ein neues Element in das Verhältnis zwischen Quantität und Qualität ein. Zum ersten Mal in der Geschichte weckte die schiere Masse der gleichförmigen Objekte die Sorge, die Überfülle könne die Sinne abstumpfen und die uniforme Vollkommenheit der maschinell erzeugten Güter löse möglicherweise keine Resonanz und keine persönliche Reaktion aus.“ Sowohl die Vielzahl selbst als auch die gleichförmige Beschaffenheit der Güter erschwerte Sennett zufolge eine Verbundenheit mit den

Dingen, wie sie in traditionellen Gesellschaften möglich war, in denen handgemachte Gegenstände über Generationen hinweg gepflegt und weitergereicht wurden. Zu den Zeitgenossen, die die von Sennett skizzierte Sorge teilten, zählte der Schriftsteller Rainer Maria Rilke. 1925 befürchtete er, „die erlebten, die uns mitwissenden Dinge“ seien vom Verschwinden bedroht. Im Gegensatz zur Großelterngeneration, für die „fast jedes Ding ein Gefäß, in dem sie Menschliches vorfanden und Menschliches hinzusparten“ gewesen sei, gehe in die modernen Gegenstände nichts Menschliches mehr ein, es handle sich vielmehr um „leere gleichgültige Dinge“.

Wir wissen heute, dass Menschen sich auch industriell gefertigte Objekte individuell aneignen, sie mit Emotionen aufladen und bisweilen sogar an die nächste Generation vererben. Auf der anderen Seite lässt sich kaum bestreiten, dass die Bindung an einzelne Dinge ausgerechnet in der entwickelten Konsumgesellschaft abgenommen hat. Treffend streicht Hartmut Böhme in seinem Fetischismus-Buch heraus, „dass der Kapitalismus die Paradoxie enthält, einerseits die Ding-Sorten und Ding-Massen exorbitant zu vermehren und sie andererseits nachhaltig zu entwerten“. Zwang der vorindustrielle Mangel zu überlegter Anschaffung und zur Wertschätzung des Vorhandenen, so nimmt die ununterbrochene Verfügbarkeit neuer Waren einem Kauf das Besondere. Sie verringert die Erlebnistiefe im Umgang mit dem Erworbenen, seine sorgsame Behandlung und die Findigkeit, mit den Dingen, die nun einmal da sind, etwas anzufangen. Der Autor Alexander von Schönburg hat einmal anschaulich dargelegt, dass das persönliche, nachhaltige Eigentum eines Menschen in der westlichen Welt zumeist nur einen Bruchteil dessen beträgt, was dieser in seinem Leben erwirtschaftet hat, „weil er es inzwischen für wertlosen Ramsch oder sinnlose Zeittötung ausgegeben hat: Reisen auf die Seychellen, Flaschenregale aus instabil verschraubtem Weichholz, Fonduegeschirr, Waffeleisen, Clubmitgliedschaften, Eis- und Joghurtmaschinen, Gelpantoletten, Activity-Rucksäcke, Kombijacken, Reisezwiebelschneider, Waagen, die das Körperfett getrennt von der Restkörpermasse wiegen, Fleischwölfe aus ‚gebürstetem Edelchrom', Fusselfräsen mit Auffangbehälter, elektrische Massagegeräte, Chipstüten-Thermoversiegler, zwei Saftpressen, eine Chi-Maschine, Designerpfannen und magnetische Nackenkissen".

Zur Ausweitung der Warenproduktion durch die Industrialisierung tritt im 20. Jahrhundert eine Beschleunigung der Produktzyklen. Nicht nur kommen ständig neue Güter auf den Markt, die rasch zur Standardausstattung gehören – vom Kühlschrank über die Waschmaschine bis zum Auto und dem Mobiltelefon. Vielmehr verschleißen bereits etablierte Dinge früher als technisch nötig, weshalb sie, weil eine Reparatur teurer wäre als ein Neukauf, weggeworfen und erneut angeschafft werden. Zu den Gründen der vorzeitigen Veralterung zählen sich immer rascher ablösende Moden (die dann beispielsweise verhindern, zerbrochenes Geschirr nachzukaufen) ebenso wie die geplante Obsoleszenz, bei der Dinge absichtlich mit vermeidbaren Mängeln hergestellt werden, ohne dass man es ihnen ansehen könnte. Beispiele für diese Praxis reichen bis in die 1920er Jahre zurück. So gründeten die großen Glühlampenhersteller 1925 in Genf das Phoebuskartell, das sich auf eine Beschränkung der Brenndauer von Glühbirnen auf 1000 Stunden einigte – 1500 weniger als damals möglich. Erst 1953 wurde die künstliche Lebensdauersenkung in den Vereinigten Staaten gerichtlich verboten. Der Philosoph Günther Anders hat aus der raschen Hinfälligkeit der Objekte den Schluss gezogen, dass wir „in einer Welt leben, die ausschließlich aus Dingen besteht, die nicht nur ersetzbar sind, sondern ersetzt werden sollen". Die Folge sei eine Haltung der „Acht- und Achtungslosigkeit".

Das Problem mit der Fülle besteht also nicht bloß darin, dass Massenproduktion mindere Qualität hervorbringt (bisweilen, aber sicher nicht immer, taugt Massenware durchaus), sondern dass die Vorherrschaft des Vielen eine aus intensiver Beschäftigung herrührende Wertschätzung von Alltagsgegenständen erschwert. Doch das ist noch nicht alles, was gegen ein auf quantitative Steigerung setzendes Wohlstandsmodell vorgebracht werden kann. Der ungebrochene Wachstumselan, der ganze Generationen begeisterte und auf spätindustrialisierende Volkswirtschaften weiterhin eine unwiderstehliche Anziehungskraft ausübt, weicht nämlich ausgerechnet dort, wo er historisch entstanden ist, in den wohlhabenden Gesellschaften des Westens, einem Unbehagen an der Quantität – aus drei Gründen.

Das Problem mit der Fülle besteht also nicht bloß darin, dass Massenproduktion mindere Qualität hervorbringt (bisweilen, aber sicher nicht immer, taugt Massenware durchaus), sondern dass die Vorherrschaft des Vielen eine aus intensiver Beschäftigung herrührende Wertschätzung von Alltagsgegenständen erschwert.

DREI FORMEN DER WACHSTUMSKRITIK

1972 erschien der erste „Bericht des Club of Rome zur Lage der Menschheit“. Das Zukunftsszenario einer Forscherinnengruppe um den amerikanischen Ökonomen Dennis L. Meadows trug den Titel *Die Grenzen des Wachstums*. Den Kern der darin angestoßenen Kritik bildete die Einsicht, dass eine endliche Welt kein unendliches Wachstum verkraftet. Zum einen sind die natürlichen Ressourcen irgendwann verbraucht, zum anderen ist die Aufnahmefähigkeit der Erde für Schadstoffe und Abfall begrenzt. Die Ver- und Entsorgungskapazitäten des blauen Planeten stoßen an ihr Limit. Schöpften alle Länder so sehr aus dem Vollen wie die frühindustrialisierten Staaten, wären die natürlichen Lebensgrundlagen bald aufgezehrt. Quantität bedeutet hier: zu viel Unverzichtbares entnehmen und zu viel Unbrauchbares zurücklassen.

So sehr dieser Grundgedanke der ökologischen Wachstumskritik einleuchtet, so kontrovers verläuft die von ihm angestoßene Debatte. Optimistische Stimmen bringen effizienzsteigernde, ‚grüne‘ Technologien ins Spiel, die die Grenzen des Wachstums zumindest aufschieben und vielleicht sogar auffangen könnten. Skeptikerinnen antworten darauf mit dem sogenannten Rebound-Effekt: Durch Innovationen gewonnene Entlastungen werden von vermehrtem Wachstum an anderer Stelle wieder aufgezehrt, das eingesparte Geld in neuen Konsum gesteckt. Der Nachhaltigkeitsforscher Reinhard Loske bringt das Argument auf den Punkt: „Zwar gibt es effizientere Autos, aber immer mehr und größere Autos, effizientere Elektrogeräte, aber immer mehr elektrische Anwendungen, effizientere Heizungen, aber immer mehr zu beheizende Wohnfläche.“

Die zweite Form der Wachstumskritik bezieht sich auf das Glücksversprechen der *economy of scale*. Können wir Don Draper trauen, dem ebenso charismatischen wie haltlos taumelnden Werber aus der Fernsehserie *Mad Men*, wenn er gleich in der ersten Folge formuliert: „Glück – das ist der Geruch eines neuen Autos"? Bedeutet die Maximierung der Möglichkeiten einen Anstieg unseres Wohlergehens, oder stagniert, ja sinkt die Lebenszufriedenheit ab einem gewissen Punkt wieder? Studien der psychologischen Glücksforschung und der Verhaltensökonomik deuten auf Letzteres hin. So hat der Ökonom Manfred Max-Neef die sogenannte Schwellenhypothese aufgestellt, derzufolge oberhalb einer bestimmten und gesicherten Höhe des Lebensstandards weitere Steigerungen keinen entsprechenden Zuwachs an Lebensqualität mehr mit sich bringen. Bekannt ist auch das bereits 1974 von dem Wirtschaftswissenschaftler Richard Easterlin aufgestellte, in der Forschung allerdings nicht unumstrittene Easterlin-Paradox. Es besagt, dass Einkommenszuwächse ab einer bestimmten Stufe keine Steigerung des subjektiven Glücksgefühls mehr zur Folge haben. Neuere Untersuchungen beziffern diesen Grenzwert auf ein Jahreseinkommen von 75 000 US Dollar, bisweilen auch höher. Zu den Gründen, warum Easterlin richtigliegen könnte, zählen die sogenannten Tretmühleneffekte. Um ein gewisses Anspruchsniveau zu halten oder es sogar weiter zu steigern, müssen die meisten Menschen große Anstrengungen unternehmen. Diese führen vielfach zu Erschöpfung und senken das Wohlbefinden unterm Strich mehr, als die zugewonnenen Annehmlichkeiten es heben. Kein Wunder, dass immer mehr Berufstätige in einem Sabbatical nach Sinn suchen oder sogar ganz auf Stress erzeugende Spitzenpositionen verzichten.

Für Qualitätsinteressierte besonders aufschlussreich sind Untersuchungen, die sich mit einer Überfülle an Wahlmöglichkeiten auseinandersetzen. Dazu zählt die von den Entscheidungstheoretikerinnen Sheena Iyengar und Mark Lepper aufgestellte These von der Wahlüberlastung (*choice overload*) ebenso wie das sogenannte Auswahlparadox (*paradox of choice*), mit dem der Psychologe Barry Schwartz bekannt geworden ist. Iyengar und Lepper fanden heraus, dass zu viele Alternativen eine Entscheidung erschweren, Schwartz verallgemeinerte diese Einsicht und behauptet: Etwas Auswahl ist besser als gar keine, aber eine zu breite Angebotspalette schmälert die Zufriedenheit. Beiden Positionen geht es um die Qual der Wahl, wenn Menschen mehr Optionen zur Auswahl haben, als sie bewältigen können. Überfülle überfordert, Überforderung lähmt, Lähmung führt zu Aufschub, und Aufschub verleitet zu Abkürzungen wie beispielsweise der Wahl des billigsten oder buntesten, aber nicht bestmöglichen Produktes. Besonders bemerkenswert ist die Beobachtung von Schwartz, dass sich Unzufriedenheit sogar dann einstellt, wenn eine gute Wahl getroffen wurde, da die Menge an Möglichkeiten unsere Erwartungen steigert und suggeriert, vielleicht etwas noch Besseres verpasst zu haben.

Trotz der ökologischen und psychologischen Probleme, die ein auf Quantität ausgerichtetes Wirtschaftsmodell mit sich bringt, bemisst sich für viele Volkswirte und Politiker das Wohlergehen einer Nation an der Steigerung des Bruttoinlandsproduktes, kurz BIP. Dabei handelt es sich, grob gesagt, um den Gesamtwert der Güter, Waren und Dienstleistungen, die in einem Land innerhalb eines Jahres hergestellt werden. Steigt das BIP, so die Annahme, geht es einem Land gut. Doch das BIP ist qualitätsblind. „Atomunfälle, terroristische Anschläge und umweltschädlicher Konsum können allesamt im BIP positiv zu Buche schlagen. Wer das Auto nimmt, trägt mehr zum BIP bei, als wer mit dem Fahrrad fährt. Wer sein Auto gar auf dem Nachhauseweg zu Schrott fährt, ist ein Held des BIP“, bemerkt der Wirtschaftsphilosoph Oliver Schlaudt. Aufgrund solcher Schwächen hat eine Reihe renommierter Wissenschaftler, darunter die Nobelpreisträger Joseph E. Stiglitz und Amartya Sen, mit der Entwicklung alternativer Modelle der Wohlstandsmessung begonnen. Freilich stehen „Glücksindikatoren" vor dem Problem, dass sich Lebensqualität letztlich nicht berechnen lässt. Am Ende bleiben deshalb auch weniger einseitige Indikatoren einem quantifizierenden Denken verhaftet. Sie „müssen sich nun ihrerseits die Frage gefallen lassen, wie überhaupt sich Wohlbefinden in Zahlen ausdrücken lasse: lässt sich denn behaupten, einer sei ‚doppelt so glücklich' wie ein anderer?", fragt Schlaudt. Dieser Einwand führt zur dritten Form der Wachstumskritik: der Kritik an der Ausweitung quantitativer Maßstäbe auf Lebensbereiche, in denen zuvor mit guten Gründen vor allem qualitative Aspekte maßgebend waren.

Bereits 1912 äußerte sich der Soziologe und Ökonom Werner Sombart über „die rücksichtslose Vergrößerungs- und Quantifizierungstendenz des kapitalistischen Wesens". Längst hat diese Tendenz so gut wie sämtliche Teilbereiche der Gesellschaft erfasst. Museen bemühen sich mit Blockbusterausstellungen um die Steigerung ihrer Besucherzahlen. Medien richten ihre Inhalte an Zuschauerquoten und Klickraten aus, selbst wenn sie sich über Gebührenpflicht finanzieren und einen Bildungsauftrag haben. Ganz ähnlich orientieren sich viele Politiker mehr an Umfragewerten als an vernunftgeleiteten und gemeinwohlorientierten Programmen. Und sogar in der akademischen Lehre und Forschung treten Inhalte zurück hinter Absolventinnenzahlen, Drittmittelsummen und der Häufigkeit, mit der ein wissenschaftlicher Aufsatz zitiert wird. Der Historiker Michael Hagner hat die Veränderungen treffend zusammengefasst: „Vereinfacht gesagt, wurde die Urteilskraft, die auf Lektüre basierte, durch quantitative Meßverfahren, Zitationsindices und Impact-Faktoren der Zeitschriften zurückgedrängt, was es nun auch solchen Akteuren, die von der Sache nichts verstehen, ermöglichen sollte, in der Beurteilung einzelner Wissenschaftler ein

Wort mitzureden.“ Wo quantitative Vergleiche und Quoten karriereentscheidend werden, hat es zeitaufwendiges, umwegiges und eigensinniges Forschen und Lehren schwer.

Einen besonderen Schub erhielt die Quantifizierung der Welt durch den digitalen Wandel. An die Stelle qualitativ gefilterter und mit einem gewissen zeitlichen Abstand zusammengestellter Nachrichten tritt ein ununterbrochener Strom von Statusmeldungen. Überlaufende E-Mail-Postfächer und die Fokussierung störende Benachrichtigungskaskaden belasten viele Menschen beruflich ebenso wie privat. Die digitale Selbstverdatung der Quantified-Self-Bewegung mit ihrem „Kult des Allesmessens“ (Steffen Mau) schwankt zwischen subjektivem Wunsch und sozialem Erwartungsdruck. Suchalgorithmen sortieren Daten, um dem *information overload* im Internet zu begegnen, doch wird dabei weniger die Seriosität der Quelle als die Häufigkeit ihrer Verknüpfung gewichtet. Und das Konzept der „Schwarmintelligenz“ geht ausdrücklich davon aus, dass mehr Beteiligte auch zu besseren Ergebnissen führen. Der Informatiker und Künstler Jaron Lanier zweifelt daran: „Jedenfalls gibt es keinen Beleg dafür, daß im Bereich menschlichen Ausdrucks und menschlicher Leistung Quantität in Qualität umschlägt. Hier sind meines Erachtens andere Dinge entscheidend, nämlich ein Gespür für das Wichtige, eine effektive Konzentration des Geistes und eine zu Abenteuern bereite individuelle Phantasie, die sich von der Menge unterscheidet.“

Zu den Dingen, die die Quantifizierung auf die Spitze treiben, gehören schließlich auch Massenvernichtungswaffen, deren Einsatz die Menschheit nicht etwa nur einmal, sondern gleich mehrfach vernichten würde. Was könnte absurder sein als der Gedanke des *overkill*, der den ganz und gar qualitativen Unterschied zwischen Leben und Tod einem Zahlendenken unterwirft?

WENIGER, ABER BESSER

Kehren wir zurück zur Alltagskultur – und zu einem aufs Positive ausgerichteten Blick. Denn die moderne Steigerungsdynamik mit ihren zahlreichen Kehrseiten ist das Ergebnis einer geschichtlichen Entwicklung, und das heißt, dass es zuvor etwas anderes gab und nachher wiederum etwas anderes geben wird. Sie ist menschengemacht und kann von Menschen verändert werden.

Es lohnt sich, in Anbetracht der Auswüchse des Mengendenkens in Erinnerung zu rufen, worin dessen Attraktivität ursprünglich einmal bestand. Denn trotz der Probleme, die die Vorherrschaft des Vielen mit sich bringt, hat eine Kultur der Qualität nur dann Aussicht auf Erfolg, wenn sie den Reiz und das relative Recht von Fülle und Vielfalt versteht und deren Faszination in sich aufzunehmen vermag.

Zu den historischen Gründen für den Erfolg des modernen Massenkonsums zählen neben der Linderung elementarer Not, der Sicherung der Grundbedürfnisse und der Erhöhung des Komforts für eine geschichtlich beispiellos breite Schicht von Menschen eben genau jene Wahlmöglichkeiten, deren Nebenfolgen und Fernwirkungen uns heute so sehr beschäftigen. Zunächst nämlich bedeuteten sie: Abwechslung, Überschwang, Verausgabung – und das aufregende Gefühl, selbstbestimmt Entscheidungen zu treffen. Es genügt, sich für einen Moment den atemberaubenden Blick von einem Wolkenkratzer bei Nacht vor Augen zu halten – unten die neonhell beleuchteten Straßenschluchten einer Metropole, oben funkelnde Sterne und Satelliten –, um das üppige, platzgreifende, vibrierend vitale Lebensgefühl der Steigerungsmoderne nachzuempfinden. Wer es auch nur ein einziges Mal geteilt hat, wird dem Theoretiker Georg Franck zustimmen, der es für illusorisch hält, die Alternative zur materiellen Maximierung „von einer massenhaft einkehrenden Bereitschaft zur Abstinenz zu erwarten". Bloße Beschränkung kann einer entwaffnend auftretenden Lust am Genuss und der Freude an materiellen Dingen kaum etwas erwidern. „Wenn es einen Ausweg aus der Fixierung aufs Materielle gibt, dann nur innerhalb der hedonistischen Grundorientierung", schreibt Franck.

Das stärkste Argument gegen eine auf Askese drängende Wachstumskritik liegt jedoch nicht in deren mutmaßlicher Aussichtslosigkeit, sondern darin, dass sie der Logik des Quantitativen nicht entkommt. An die Stelle des Vielen das Wenige zu setzen, dreht lediglich das Vorzeichen um, ohne eine *qualitative* Alternative zu entwickeln. Es geht noch immer um die Menge, nicht um Eigenschaften und Güte, und die Diskussion bleibt in einem ermüdenden Hin und Her zwischen zwei Polen stecken: Üppigkeit hier, Verzicht dort.

Dieses Buch schlägt eine andere Sichtweise vor. Es geht nicht darum, ‚gegen' Quantität und ‚für' Qualität zu sein. Dann wäre schon das Wort „Qualitätssteigerung" ein Widerspruch in sich und ein Mehr (!) an Lebensqualität abzulehnen. Ungleich einleuchtender ist es, das Viele als Voraussetzung für das Hervortreten des Gelungenen zu verstehen, als Sprungbrett in eine an Qualitätsunterschieden interessierte und auf Qualität hin ausgerichtete Entwicklung. Dieser Gedanke hat drei Facetten: eine psychologische, eine soziologische und eine philosophische.

Psychologisch gesehen, stellt sich das Unbehagen an der Quantität als ein Auslöser für die Suche nach Qualität dar. Viele Menschen haben das besinnungslose Mengendenken in seinen mannigfaltigen Formen und die Dürftigkeit zahlreicher käuflicher Dinge ganz einfach satt. Sie sind es leid, sich mit minderwertigen Möglichkeiten herumzuschlagen, und ziehen deshalb „eine geringe Menge guter Optionen einer großen Menge unattraktiver Optionen" vor, wie es der Wirtschaftsethiker Claus Dierksmeier in seinen Gedanken über „qualitative oder quantitative Freiheit" formuliert – also zum Beispiel die Wahl zwischen verschiedenen Transportmöglichkeiten anstatt nur zwischen unzähligen Automodellen. Aus dieser Perspektive ist das Quantitative ein Hebel, der die Neuausrichtung aufs Qualitative weckt und in Gang setzt.

Soziologisch betrachtet, setzt die Beschäftigung mit Qualität eine gewisse Grundversorgung voraus. Bereits 1899 bemerkte der Ökonom Thorstein Veblen in seiner Kritik der amerikanischen Oberschichten, dass Menschen erst dann, wenn sie ihre Existenzsorgen überwunden haben und über genügend „Zeit, Hingabe und Geld" verfügten, begönnen, ihren Verbrauch „auch im Hinblick auf die Qualität der konsumierten Güter" zu verfeinern. Dann aber eröffne sich ihnen die Möglichkeit, „genau zwischen edlen und gemeinen Konsumgütern zu unterscheiden" und ihr Qualitätsempfinden zu kultivieren. Zurückhaltung an der richtigen Stelle, das Erkennen subtiler Unterschiede, die richtige Art und Weise, bestimmte Dinge zu sich zu nehmen und über sie zu sprechen, zeichnet Veblen zufolge einen kultivierten Konsum unter Wohlstandsbedingungen aus.

Schließlich lässt sich philosophisch argumentieren, dass nur dort, wo verglichen werden kann, die Voraussetzung dafür gegeben ist, qualitative Unterschiede wahrzunehmen und zu würdigen. Erst wenn es eine Wahl gibt, kann es eine erste Wahl geben. Der Gedanke lässt sich leicht veranschaulichen, wenn man einen Blick auf kreative Schaffensprozesse wirft. An deren Beginn steht das ungehinderte Assoziieren, das Erzeugen von Möglichkeiten, das Auffinden von

Material. Erst in einem zweiten Schritt wird gesichtet und geschaut, welche Ideen man zur Weiterarbeit brauchen kann. Je umfangreicher und diverser die Auswahl, desto wahrscheinlicher ist es, dass sich Annehmbares darunter befindet. Erst vor dem Hintergrund der verworfenen Alternativen tritt das Überzeugende hervor.

Weniger, aber besser: Diese dem Designer Dieter Rams zugeschriebene Maxime bringt eine Haltung jenseits von quantitativer Steigerung und freudlosem Verzicht auf den Punkt. Sie befindet sich auf Augenhöhe mit dem alten Wohlstandsmodell, denn sie rechnet mit dem Freiheitsdrang der modernen Menschen. Es geht ihr darum, zu vielem Nein, dafür aber zu manchem umso entschiedener Ja zu sagen. Denn weniger ist nur dann ‚mehr', wenn das Wenige auch besser ist – sonst setzt die Suche nach Gelungenem wieder ein, und die Logik der Expansion bricht sich erneut Bahn. Wo der Fokus jedoch auf das Gekonnte fällt, ist es leichter, auf die Breite zu verzichten. Der Soziologe Georg Simmel hat diese Einsicht bereits an der Wende zum 20. Jahrhundert auf den Punkt gebracht: „Wenn nun das Leben von diesen vielen Möglichkeiten nur eine sehr begrenzte Anzahl zur Bewährung zuläßt, so erscheinen diese um so bedeutsamer und kostbarer, je deutlicher wir empfinden, aus wie vielen sie die Auswahl darstellen, wie viele Betätigungsformen unentwickelt bleiben und ihr Kraftquantum jenen überlassen müssen, damit sie zur Entfaltung gelangen." Weil wir wissen, dass die Auswahl riesig ist und die meisten Möglichkeiten ungenutzt bleiben, kommt es umso mehr auf die Qualität dessen an, was gewählt wird. Weniger, aber besser. Das Interesse richtet sich neu aus, der Blick verschiebt sich, spannende Entdeckungen stehen bevor.

KAPITEL 2

Was ist Qualität? Über das gewisse Etwas

Es ist halb neun Uhr morgens an einem heißen Sommertag, als die Reise beginnt. Der Erzähler, sein elfjähriger Sohn Chris und ein befreundetes Ehepaar brechen zu einer langen Motorradtour auf, von Minneapolis nach Montana und dann weiter, quer durch die Vereinigten Staaten. Sie genießen die Freiheit, den Fahrtwind und die Landschaft – und geraten auf ihrem langen Weg immer wieder ins Philosophieren. Was macht die Qualität einer Maschine aus? Woran erkennt man einen guten Mechaniker? Worin besteht die Kunst, ein Motorrad zu warten? Robert M. Pirsigs 1974 erschienener Weltbestseller *Zen und die Kunst ein Motorrad zu warten* wurde von 121 Verlagen abgelehnt und dann zu einem Kultbuch der kalifornischen Gegenkultur. Der Untertitel des autobiografischen Romans lautet: „Ein Versuch über Werte". Im Mittelpunkt steht die Frage nach Qualität: „Qualität ... man weiß, was es ist, und weiß es doch nicht. Aber das ist ein Widerspruch in sich. Aber manche Dinge *sind* nun mal besser als andere, das heißt, sie haben mehr Qualität. Will man aber definieren, was Qualität an sich ist, abgesehen von den Dingen, die sie besitzen, dann löst sich alles in Wohlgefallen auf. (...) Was zum Teufel ist Qualität? Was *ist* sie?"

„What the hell is Quality? What *is* it?" Pirsigs große Frage steht auch im Zentrum dieses Kapitels, wenngleich weniger philosophisch als alltagspraktisch. Die Antwort fällt trotzdem nicht leicht. Qualität ist schwer zu bestimmen, obwohl viele Menschen ein intuitives Verständnis davon mitbringen. Wir spüren, wenn etwas von überragender Güte ist: eine uralte Steintreppe, die im Regen glänzt, ein Wein, der uns für einen Moment schweigen lässt, eine gelungene Reparatur, die uns ein Lächeln entlockt. Aber wir können selten in Worte fassen, was genau die Qualität ausmacht, geschweige denn eine Anleitung oder eine Theorie daraus bauen. „Der Begriff ‚Qualität' verschlägt dem Beredtesten die Rede", bemerkte der Kunsthistoriker Max Friedländer. Diese Sprachlosigkeit liegt daran, dass übergreifende Qualitätskriterien vage

So unstrittig es letztlich ist, dass Qualitätsware minderwertigen Produkten vorzuziehen ist, so sehr gehen die Vorstellungen von guter Qualität auseinander.

und damit wenig aussagekräftig sind, während Einzelfallbeurteilungen Fachkenntnisse, spezielle Wertmaßstäbe und viel Übung erfordern. Zudem sind Qualitätsurteile subjektiv, geprägt von den Vorerfahrungen der Urteilenden. Wer in seiner Kindheit Erdbeeren und Zwetschgen aus dem eigenen Garten essen konnte, verfügt vermutlich über einen entwickelteren Gaumen als jemand, der mit Fast Food aufwuchs. Wer Hunderte Weine verkostet hat, kennt sich besser aus als ein Gelegenheitsgenießer. Und wer, wie professionelle Weinkritiker es tun, sogar 4000 bis 5000 Weine im Jahr verkostet, verfügt über einen noch weiteren Vergleichshorizont – was freilich nicht bedeutet, dass alle Expertinnen zu derselben Bewertung kommen. Denn so unstrittig es letztlich ist, dass Qualitätsware minderwertigen Produkten vorzuziehen ist, so sehr gehen die Vorstellungen von guter Qualität auseinander.

Sollten wir also den Versuch, uns über Qualität zu verständigen, lieber gleich aufgeben und davon ausgehen, dass man über ‚Geschmack' nicht streiten kann? Kommt man nicht umhin sich einzugestehen, dass „Potztausend das beste Kunsturteil" ist, wie es der Romantiker Friedrich Schlegel in seinen *Kritischen Fragmenten* ironisch auf den Punkt brachte? Zum Glück verhält es sich anders. Wer die Auffassung vertritt, beispielsweise über ein gutes Essen ließe sich nicht mehr sagen, als dass es eben „lecker" sei, gibt die Möglichkeit auf, seine eigenen

Erfahrungen im Gespräch zu teilen. Wir sind aber durchaus in der Lage, eine Sprache für Qualitäten zu finden und anderen Menschen unser Gefallen „anzusinnen", wie der Philosoph Immanuel Kant es ausgedrückt hat. Wir können uns bemühen, unsere Eindrücke einsichtig zu machen und uns mit Gründen über die Güte von Gegenständen austauschen.

In der Praxis ist das Entdecken guter Qualität dennoch nicht leicht, zumal es sich wie bei ‚Premium' oder ‚exklusiv' um eine inflationär gebrauchte und rechtlich ungeschützte Bezeichnung handelt. Vermeintliche Indikatoren wie ein hoher Preis, aufwendige Werbekampagnen oder die Häufigkeit des Verkaufs („wird immer gern genommen") stellen selten eine Garantie für Hochwertigkeit dar. Wie aber kann man dann etwas über Qualität herausfinden?

Wenige Denker haben sich auf die Dinge des Alltags eingelassen oder sich gar wohlwollend mit ihnen beschäftigt. Und noch weniger haben sich ernsthaft mit dem Thema Qualität auseinandergesetzt. Geht man die Register einschlägiger Lexika durch, gewinnt man geradezu den Eindruck, der Buchstabe Q sei vergessen worden, so selten findet sich darin das Schlagwort Qualität. Tief sitzt die Überzeugung, über Qualität ließe sich kaum mehr sagen, als dass sie eben relativ sei. Und so schwankt die Auseinandersetzung mit dem Thema zwischen zwei Extremen: distanzierten Analysen hier, emotionalen Urteilen dort. Die Sozialwissenschaften, beispielsweise die sogenannten *Valuation Studies*, haben sich darauf verlegt, „Beobachter zu beobachten", also zu schauen, was Menschen unter Qualität verstehen und wie Praktiken der Bewertung funktionieren. So aufschlussreich solche Studien zweifellos sind, eine Position in der Sache beziehen sie nicht. Auf der anderen Seite des Spektrums begnügen sich viele Kritiker in den Feuilletons und erst recht Nutzerbewertungen im Internet mit rein persönlichem Ge- oder Missfallen, ohne ihre Kriterien offenzulegen, die blinden Flecken des eigenen Urteils zu reflektieren und zu versuchen, Bewertungen durch Genauigkeit und klare Begründungen nachvollziehbarer zu machen.

Am ehesten liefern die Ästhetik und die Ethik des guten Lebens Anhaltspunkte zu einer inhaltlichen Auseinandersetzung mit dem Thema Qualität. Wir stehen heute am Beginn einer neuen Alltagskunde, die auf bis in die Antike zurückreichende Lebenskunstlehren ebenso Bezug nimmt wie auf aktuelle Entwicklungen in den Kulturwissenschaften. Von ihrer klassischen Bindung an die (schönen) Künste gelöst, wird die Ästhetik wieder zu dem, was sie bereits in ihren Anfängen war: eine Theorie der sinnlichen Wahrnehmung und Wertung. Sie hat gelernt, nicht nur Erzeugnisse der sogenannten Hochkultur in den Blick zu nehmen, sondern auch Formen der Alltagserfahrung. Damit kann sie an Philosophien des klugen Handelns, der Wahl und der Wirksamkeit, der Übung und der Sorge anschließen, die sich mit dem Gelingen menschlicher Existenz beschäftigen, kurzum: mit der Qualität des Lebens.

Um zu einem besseren Verständnis von Qualität zu gelangen, geht dieses Kapitel in drei Schritten vor: Zunächst räumt es mit fünf Irrtümern auf, die einem überzeugenden Qualitätsverständnis im Weg stehen. Schritt zwei besteht aus einem Durchgang verschiedener Vorschläge, die im Laufe der Wirtschafts- und Kulturgeschichte zur Qualität von Dingen unterbreitet wurden. Welche helfen uns heute noch weiter? Im dritten Schritt wird es konkret, und wir wenden uns der Verständigung über Qualität am Beispiel dreier besonders einschlägiger Felder der materiellen Kultur zu: Ernährung, Kleidung und Wohnung. Abschließend gehe ich ausführlicher auf einen bislang wenig beachteten Aspekt ein: die Wirkung, die von qualitativ hochwertigen Dingen ausgeht.

FÜNF VORURTEILE

Wer dem gesellschaftlichen Gespräch über das gute Leben eine Zeit lang folgt, stößt auf fünf Vorurteile, die es erschweren, Qualität zu entdecken. Sie interessieren sich weniger für die Sache selbst als für deren äußere Begleiterscheinungen, nämlich wann oder wo ein Objekt entstanden ist, welchen sozialen Status es seiner Besitzerin verleiht, wie exklusiv es ist oder ob es bestimmten stilistischen Vorlieben entspricht. So heißt es dann beispielsweise, Qualitätsprodukte dienten lediglich der sozialen Distinktion. Das mag zwar im Einzelfall zutreffen und ist nicht gerade ein erfreuliches Verhalten, nur trägt diese Beobachtung wenig dazu bei, dem Gespräch über Qualität auf die Sprünge zu helfen. In diesem Abschnitt nehme ich deshalb fünf Vorstellungen in den Blick, die jede auf ihre Art die Entwicklung einer Qualität wertschätzenden Kultur behindern. Es handelt sich um die Verklärung der Vergangenheit, nationalistische Überhebung, soziale Herablassung, Geschmackserziehung und die Verengung des Qualitätsinteresses auf das Allerbeste. Sind diese Standardirrtümer erst einmal aus dem Weg geräumt, wird die Sicht frei für eine neue Haltung zum Thema Qualität im Alltagsleben.

Verklärung der Vergangenheit

Wirft man einen Blick auf die Auswüchse quantitativen Wachstums, drängt sich eine nostalgische Stimmung geradezu auf. War nicht früher vieles besser als heute? Taugten die Dinge nicht mehr, war die Beratung im Laden nicht fachkundiger? Anfang der 2000er Jahre landete der amerikanische Philosoph Harry Frankfurt mit seinem schmalen Buch *Bullshit* einen Überraschungserfolg. Sein Überdruss am Bockmist traf einen Nerv: „In früheren Zeiten ließen Handwerker sich nicht auf Pfusch ein. Sie arbeiteten sorgfältig und achteten auf jedes Detail ihrer Arbeit. Jeder Teil ihres Produkts war durchdacht und wurde genau so entworfen und gefertigt, wie er sein sollte. Diese Handwerker ließen in ihrer aufmerksamen Selbstdisziplin selbst dann nicht nach, wenn es sich um Teile handelte, die am Ende gar nicht mehr sichtbar sein würden. Niemand hätte bemerkt, daß diese Teile nicht ganz sauber gearbeitet waren, doch die Handwerker wußten es und konnten solche Schlampereien nicht mit ihrem Gewissen vereinbaren. Nichts wurde unter den Tisch gekehrt. Man könnte vielleicht auch sagen: Es gab keinen Bullshit."

Spontan wird jede, die sich schon einmal über schlecht gemachte Sachen geärgert hat, in Frankfurts Klage einstimmen. Doch auf den zweiten Blick wirft sie eine Reihe von Fragen auf: Woher weiß Frankfurt, dass Handwerker früher besser arbeiteten? Taten es alle? Die meisten? Gab es denn gar keine Nachlässigkeit? Abgesehen vom pauschalen Charakter der Behauptung, stellt sich noch eine weitere Frage: Wann war „früher"? In den 1950er Jahren? In den Zwanzigern? Oder vielleicht im 19. Jahrhundert?

Interessanterweise existieren Klagen über nachlassende Qualität seit wenigstens 170 Jahren. Je nach Zeithorizont setzen sie den Beginn des Verfalls früher und später an und erachten ironischerweise das als Maßstab des Gelungenen, was frühere Generationen als minderwertig empfanden. So bemerkt der Kulturhistoriker Wolfgang Schivelbusch, „dass das, was gestern noch Schund war, am neuesten Stand der Verschundung gemessen, bereits heute solide, gewichtig, fast generös erscheint". Wenn aber das Schlimme von gestern das Gute von heute ist, wo liegt dann der zeitliche Fluchtpunkt für ‚echte' Qualität? Die meisten Kulturkritiker sagen: vor der Industriellen Revolution – und betrachten diese als Beginn einer Verfallsgeschichte. Gut ist demnach, was auf traditionelle Weise hergestellt wird, beispielsweise in Klöstern oder Manufakturen und von Meistern, deren Können, Gewissenhaftigkeit und Stolz als bedroht und bewahrenswert empfunden werden. Das Muster solcher Verlusterzählungen stammt aus der Mitte des 19. Jahrhunderts. Kritiker wie John Ruskin, William Morris und Gottfried Semper richteten ihre Qualitätsideen an vorindustrieller, handwerklicher Produktionsweise aus.

In der Gegenwart vertritt beispielsweise Richard Sennett eine solche Position. „Handwerkliche Tätigkeit", schreibt er, „ist stets auf Qualität ausgerichtet." Seine These ist freilich nur dann haltbar, wenn man das Handwerkliche als Ideal von dessen praktischer Ausübung unterscheidet. Viele dürften schon einmal einen Handwerker im Haus gehabt haben, der nachlässig arbeitete, auf die Vorstellungen seiner Kundinnen nicht sonderlich einging oder ästhetische Feinheiten ignorierte. Andererseits verrät die Tatsache, dass gerade Handwerkern Schludrigkeiten besonders übel genommen werden, eine tiefsitzende Erwartung. Ans Handwerk knüpfen sich offenbar besonders hohe Qualitätsansprüche und die Hoffnung auf Gegenstände, die nicht schon kurz nach Ablauf der Gewährleistung ihren Geist aufgeben. Unterscheidet man das Handwerk als Berufsstand vom Handwerklichen als Einstellung, erübrigt sich die Rahmung handwerklicher Arbeit als Ausdruck einer ‚guten alten Zeit'. Handwerk steht dann exemplarisch für ein Qualitätsethos, das ebenso historische wie gegenwärtige Beispiele kennt. Es geht nicht mehr darum, dass früher ‚alles' besser war, sondern dass bewährte Materialien und Verfahrensweisen bei bestimmten Gütern nach wie vor die besten Ergebnisse erzielen und eine handwerkliche, nämlich qualitätsorientierte Haltung auch bei industriellen und digitalen Produkten zu besseren Erzeugnissen führen kann. Wer wollte hochwertigem Industriedesign die Qualität absprechen? Wer qualitätsbewusst arbeitenden Softwareentwicklern ihr ausgeprägtes handwerkliches Ethos?

Ein lebendiges Qualitätsverständnis blickt nicht nur zurück, sondern ist offen für Verbesserungen und neugierig auf die Weiterentwicklung der Qualitätsidee unter den Bedingungen des 21. Jahrhunderts.

Am Ende muss Qualität sich immer am einzelnen Produkt zeigen. Etwas ist nicht deshalb besser, weil es beispielsweise vor 150 Jahren hergestellt wurde, sondern weil es bestimmten Kriterien gerecht wird. Wo Althergebrachtes tatsächlich von höherer Güte ist als dessen heutige Entsprechungen, sollte eine überkommene Fertigungsweise in der Tat nicht ohne Not aufgegeben und in vielen Fällen sogar wiederbelebt werden. ‚Artisanale', also handwerkliche Lebensmittelerzeugung ist hierfür ein gutes Beispiel. Geht es jedoch um sinnvolle Innovationen oder Produkte, die es vor der Industrialisierung noch gar nicht gab, hilft es nicht weiter, nostalgisch an das Qualitätsthema heranzugehen. Ein lebendiges Qualitätsverständnis blickt nicht nur zurück, sondern ist offen für Verbesserungen und neugierig auf die Weiterentwicklung der Qualitätsidee unter den Bedingungen des 21. Jahrhunderts.

Qualitätsnationalismus

Während Nostalgie positive Bewertungen an vergangene Zeiten knüpft, verbindet die Bevorzugung bestimmter Herkunftsländer Qualität und Raum. Scheinbar selbstverständlich assoziieren wir mit Bezeichnungen wie „Swiss Made“ oder „Made in Italy“ gute Qualität, während etwa „Made in China“ oder „Made in Bangladesh“ bei vielen Menschen Misstrauen weckt. Solche pauschalen Zuordnungen sind fragwürdig, nicht nur wegen möglicherweise mitschwingender nationalistischer Untertöne, sondern weil das Verallgemeinern von Einzelfallerfahrungen keinen verlässlichen Qualitätsindikator ergibt. Beispielsweise enthüllte 2007 eine italienische Fernsehdokumentation, dass illegale chinesische Migrantinnen unter teilweise unwürdigen Bedingungen in italienischen Textilfabriken beschäftigt wurden – auch in solchen, die Luxusmarken zuarbeiten. Die *Frankfurter Allgemeine Sonntagszeitung* berichtete am 9. Dezember desselben Jahres unter der Überschrift „Wenn Luxus billig wird“, dass in der nördlich von Florenz gelegenen Stadt Prato mehr als die Hälfte der 4200 ansässigen Textilbetriebe chinesischen Unternehmern gehören, von denen einige den ohne Vertrag arbeitenden Arbeiterinnen einen Stundenlohn von gerade einmal zwei Euro zahlen. Welche Aussagekraft hat „Made in Italy“ unter solchen Umständen? Umgekehrt berichtete die Zeitung am 27. Februar 2011 unter dem Titel „Original oder Fälschung“ von Turnschuhfabriken in der südchinesischen Provinz Kanton, die sowohl für Marken wie Adidas, Puma und Nike produzieren als auch den Markt für gefälschte Sneakers beliefern. Das Marken- und das Fakeprodukt kam hier also nicht nur aus demselben Land, sondern sogar aus derselben Fabrik. Will man prüfen, ob ein Qualitätsunterschied zwischen Original und Plagiat besteht, gibt das Herkunftsland in diesem Fall nicht einmal einen Anhaltspunkt. Einmal mehr zeigt sich die Güte eines Produktes nur am einzelnen Objekt.

Die Verquickung von Qualität und Nation hat eine interessante Geschichte. Ihr Ursprung liegt in den Handelskonflikten des Industriezeitalters. Am 23. August 1887 verabschiedete das britische Unterhaus in London ein Wareneinfuhrgesetz, welches die Kennzeichnung importierter Waren zur Pflicht erhob. Gerichtet war es nicht zuletzt gegen Deutschland, dessen ökonomischer Expansionsdrang kaum zu stoppen schien. Die Bezeichnung „Made in Germany" sollte deutsche Hersteller dazu zwingen, ihre gegenüber britischen Erzeugnissen oftmals minderwertige Ware durch einen Herkunftsnachweis kenntlich zu machen. Doch die Qualität vieler deutscher Produkte verbesserte sich innerhalb der nächsten 20 Jahre so sehr, dass es gelang, das Warnzeichen zu einem Gütesiegel umzudeuten. Künftig verdichtete sich im Ausdruck „Deutsche Wertarbeit" das Herausstellen „gediegener" oder „anständiger" Qualität mit patriotischer Gesinnung, politischen Hegemoniebestrebungen und handfesten Bemühungen zur Förderung der Exportwirtschaft.

Von nationalistischer Überhebung entschlackt, gilt die Bezeichnung „Made in Germany" bis heute als Ausweis besonderer Qualität. Aber wie aussagekräftig ist sie, wenn Unternehmen in einer längst globalisierten Wirtschaft Komponenten aus Fernost zukaufen oder weite Teile des Endproduktes in Asien herstellen? Selbst Firmen, die eine hohe Fertigungstiefe in Deutschland anstreben, benötigen bisweilen Bauteile aus anderen Ländern, um die bestmögliche Qualität anbieten zu können. Anstatt weiterhin mit „Made in Germany" zu werben, wäre eine transparente Kommunikation über die Produkte überzeugender. Umgekehrt sollten auch Waren, die aus Ländern mit vermeintlich niedrigen Produktionsstandards stammen, unvoreingenommen nach ihrer tatsächlichen Qualität beurteilt werden.

Soziale Distinktion

Neben Nostalgie und Nationalisierung gibt es eine dritte Sichtweise, die die Suche nach Qualität eher erschwert als erleichtert: die Einordnung des ‚guten Lebens' als Symbol einer herausgehobenen sozialen Stellung. Interessanterweise erfolgt dies sowohl durch Menschen, die Qualitätsgüter vor allem als Mittel zur gesellschaftlichen Positionierung erwerben, als auch durch Kritikerinnen, die Qualitätsbewusstsein für eine elitäre Angelegenheit halten. Beide, Kritiker wie Kritisierte, kommen darin überein, dass sie sich für Qualität selbst eigentlich gar nicht interessieren, sondern gut gemachte Dinge vor allem als Instrument der sozialen Distinktion auffassen.

Wer aber etwas über Qualität herausfinden will, kommt nicht weiter, wenn er sich mit den Motiven und dem Auftreten derer beschäftigt, die sich höherwertige Dinge kaufen. Gewiss ist Arroganz gegenüber jenen, die sich bestimmte Produkte nicht leisten können oder wollen, kein angenehmer Charakterzug. Nur spricht das nicht gegen diese Dinge, sondern lediglich gegen eine bestimmte Art und Weise des Umgangs mit ihnen. ‚Konsumbürgerliche' Selbstgerechtigkeit schadet der Herausbildung einer Kultur der Qualität, weil sie die bewusste Bejahung des Billigen als Gegenreaktion provoziert und sich weniger mit den Dingen selbst als mit der eigenen Vortrefflichkeit auseinandersetzt – und sei es in Form demonstrativer Beiläufigkeit. Zwingend ist ein solches Verhalten glücklicherweise nicht. Warum etwa sollte die Herablassung oder die Humorlosigkeit eines einzelnen Gourmets als Einwand gegen ein gutes Essen herhalten? Man muss mit dem Verzehr erstklassiger Speisen und Getränke ja keineswegs protzen, sondern kann diese genauso gut diskret genießen.

Dennoch bleibt die Frage, ob die Kultivierung des Qualitätssinns nicht tatsächlich Privilegierten vorbehalten ist. Setzt der Erwerb hochwertiger Dinge, wie Thorstein Veblen und nach ihm viele andere es bemerkt haben, nicht doch Zeit, Geld und ein gewisses Maß an Bildung voraus? Die Antwort auf solche Fragen ist vielschichtig. Vor allem das Thema der prohibitiven Preise enthält so viele Facetten, dass ich ihm in einem eigenen Kapitel nachgehen werde. Ein Aspekt sei aber bereits an dieser Stelle angesprochen. In der Beschäftigung mit dem Thema Qualität steckt ein emanzipatorisches Potenzial, das geeignet ist, soziale Selbstverständlichkeiten und vermeintliche Zwänge infrage zu stellen. Der Bereich des Kulinarischen ist dafür ein besonders sprechendes Beispiel. Schon ein Blick auf Länder wie Frankreich oder Italien zeigt, dass gutes Essen im Alltag breiter Bevölkerungskreise ein viel größeres Gewicht haben kann, als dies ausgerechnet im reichen Deutschland der Fall ist. Sollte schlechte Ernährung also keineswegs so schicksalhaft sein, wie es sozial angeblich so sensible Positionen suggerieren? Könnte es nicht sein, dass eine vermeintlich volksnahe Sicht davon abhält, beispielsweise dem miserablen Preis-Wert-Verhältnis industrieller Nahrung auf die Schliche zu kommen? Oder auf breiter Basis von jenen Erkenntnissen zu profitieren, die durch die Wiederbelebung regionaler Ernährungsformen in der gehobenen Küche gewonnen wurden? So gesehen, erweist sich Qualitätswissen als Befähigungswissen. Es versetzt in die Lage, Kampagnen zu durchschauen, die Dinge (etwa durchs Kochen) selbst in die Hand zu nehmen und aufzuzeigen, dass vieles durchaus auch in der Breite anders sein könnte.

Geschmackserziehung

Begreift man die Kultivierung des Qualitätssinns als einen Hebel zur Selbstbestimmung, so ist es besonders wichtig, einen vierten Irrtum zu meiden, dessen paternalistischer Zug der Qualitätsidee immer wieder geschadet hat: die Verwechslung von Qualität mit bestimmten stilistischen Vorlieben. Diese Position sieht in ästhetischen Präferenzen ein entscheidendes Qualitätsmerkmal. Sie hält den eigenen Geschmack nicht nur dem anderer für überlegen, sondern bemüht sich überdies um die ästhetische Erziehung derer, die abweichende Vorlieben haben. Wie die nationalistische Aufladung der Waren hat die Geschmackserziehung ihren Ursprung in den Qualitätsdebatten des Industriezeitalters, die unter anderem in England, Deutschland und den Vereinigten Staaten stattfanden. Mit Flugschriften, Ratgebern, Lichtbildvorträgen und Ausstellungen erreichten geschmackserzieherische Initiativen wie der Dürerbund viele Hunderttausend Menschen. Zu den einflussreichsten Vertretern dieser Richtung zählten Anfang des 20. Jahrhunderts Ferdinand Avenarius und Gustav E. Pazaurek. Avenarius veröffentlichte im Jahr 1900 zehn „Gebote zur Wohnungseinrichtung“, zu denen unter anderem die „Käuferpflicht“ zählte, Materialsurrogate und Imitationen zu vermeiden. Der Stuttgarter Museumsdirektor Pazaurek engagierte sich gegen „Geschmacksverirrungen im Kunstgewerbe“, unter anderem, indem er eine abschreckende Sammlung sogenannter Pimpeleien und Hausgreuel anlegte. Nicht bei der Belehrung stehen blieb die „Gemeinnützige Vertriebsstelle Deutscher Qualitätsarbeit“ in Dresden-Hellerau, die 1912 einen Katalog mit dem Titel *Gediegenes Gerät fürs Haus* herausgab, der nicht nur als gelungen angesehene Objekte hervorhob, sondern diese auch zum Kauf anbot.

Es ist jedoch eines, ob die Art einer Inneneinrichtung oder Textur, Muster und Farbe eines Foulards jemandem zusagen, und ein anderes, ob die entsprechenden Sachen gut gemacht sind. So werden etwa lizensierte Klassiker des modernen Möbeldesigns zumeist in sehr guter Qualität hergestellt, doch ebenso existieren schlecht verarbeitete Kopien desselben Stils. Zudem kann, wer Qualität und Stil nicht trennt, die Hochwertigkeit von Dingen nicht anerkennen, die den eigenen stilistischen Vorlieben widersprechen. Wer zum Beispiel „gute Form" mit dem funktionalistisch-reduzierten Stil des Modernismus gleichsetzt, hat Schwierigkeiten, die Qualität gelungener Objekte des Art déco anzuerkennen. Aber auch Ornament und Opulenz, ob sie einem nun gefallen oder nicht, können in höchster Qualität ausgeführt werden.

Auch bei alltagskulinarischen Gütern sollte zwischen Qualität und Stil unterschieden werden. Innerhalb der Spitzenklasse ein und desselben Produktes koexistieren erhebliche stilistische Unterschiede, zum Beispiel beim Kaffee, der in gerösteter Form gut 800 Geschmackskomponenten enthalten kann. Zwischen der klassischen, von der italienischen Espressobar herkommenden Zubereitung und der neueren, am Brühkaffee orientierten Single-Origin-Kultur liegen geschmackliche Welten – doch das bedeutet nicht, dass die eine Richtung qualitativ besser wäre als die andere. Hochwertig können sowohl Kaffees mit dunkler wie mit heller Röstung sein. Die Unterschiede liegen im Stil, wie der aus Wien stammende Berliner Röster Wilhelm Andraschko erläutert – nicht ohne sich einen kleinen Seitenhieb auf das an Tee erinnernde Geschmacksprofil anderer Anbieter zu verkneifen: „Ich röste dunkler, also etwas länger. Mir geht es immer um Verdichtung, nicht um die Erweiterung der Aromen. Fruchtaromen interessieren mich nicht, nur eine leichte Säure. Mir fällt auf, dass der ‚neue' Kaffee mit leicht wiedererkennbarer Fruchtigkeit eine Generation anspricht, die mit künstlichen Aromastoffen aufgewachsen ist." Andraschko bestreitet keineswegs die Qualität des ‚neuen' Kaffees, er plädiert lediglich für ein anderes Geschmacksbild, das er vorzieht. Auf hohem Niveau wird hier über Geschmack gestritten, jedoch ohne der Konkurrenz die Qualität abzusprechen.

Das Beste vom Besten

Das fünfte Vorurteil lautet, dass es beim Thema Qualität stets um das Erlesene, Exzellente, Exzeptionelle, kurz: um das Beste vom Besten gehe. Ihren prägnantesten Ausdruck findet diese Auffassung in einem dem Schriftsteller-Dandy Oscar Wilde zugeschriebenen Bonmot: „I have the simplest tastes. I am always satisfied with the best." Der lebensfrohe Charme dieser Maxime lässt moderatere Positionen erst einmal grau aussehen. Genießer alten Schlags kommen einem in den Sinn, Leute wie der kosmopolitische Lebemann Joseph Wechsberg, der seine Betrachtungen zur feinsinnigen Lebensart unter dem Titel *Die besten Dinge im Leben* versammelte. Man denkt an alte Grandhotels, mit Exotenleder bespannte Überseekoffer und Raffinesse in jedem Detail. Das Extravagante wirft allerdings eine Schwierigkeit auf, und damit meine ich nicht das Geld, welches man offensichtlich dafür braucht (was denen, die es haben, einerlei sein mag), sondern dass die unentwegte Ausrichtung auf Spitzenqualität das Qualitätsempfinden letztlich unterläuft. Wo es stets nur um das Ausgefallene geht, fehlt die Kontrasterfahrung, die etwas überhaupt erst als außergewöhnlich wahrnehmbar macht.

Ein einfaches Beispiel des Gastronomiekritikers Jürgen Dollase aus seinem Buch *Kulinarische Intelligenz* veranschaulicht diesen Gedanken: „Auch der allerbeste Weißwein der Welt passt möglicherweise nicht zur Begleitung eines bestimmten Fischgerichtes. Es kann sogar sein, dass ein vergleichsweise preiswerter Wein von vielleicht zehn Euro zu einem bestimmten Gericht die optimale Begleitung ist." Dollases Überlegung macht etwas Entscheidendes klar: Qualität ist ein Verhältnisbegriff. Das Urteil kann sich auf verschiedene Referenzbereiche beziehen, zum Beispiel das Gesamt der Weine („der allerbeste Weißwein der Welt"), eine bestimmte Liga („Wein von vielleicht zehn Euro") oder einen konkreten Kontext („zur Begleitung eines bestimmten Fischgerichtes"). Beim *Pairing* von Speisen und Getränken finden sich dafür viele Beispiele. Eric Asimov, der Weinkritiker der *New York Times*, plädiert deshalb in einem Artikel über das Weinkaufen dafür, die Verkostungssituation bei der Bewertung zu berücksichtigen: „We tend to imagine that all wines are evaluated on a universal scale of quality, but in fact each occasion has its own scale. The best wine for one sort of event can be very different from the preferred bottle for another." Erwartungen spielen dabei ebenso eine Rolle wie die eigene Stimmung oder das Wetter, die Menüfolge und viele andere Faktoren. Worauf es ankommt, ist ein Gespür für das unter den jeweiligen Bedingungen ‚Richtige', einer bestimmten Aufgabe Zuträgliche, im Sinne der Angemessenheit Bestmögliche.

Auf diese Weise bleibt nicht nur die Qualitätswahrnehmung erhalten, sie öffnet sich auch für eine reichhaltige Vielfalt unterschiedlicher Qualitätserlebnisse. So antwortete der Schweizer Schriftsteller Hermann Burger, der als leidenschaftlicher Zigarrenaficionado bekannt war, einmal auf die Frage, ob nur die besten, gut gereiften Havannas als hochwertige Zigarren gelten können, „dass es Speisen und Weine gibt, etwa den Coq au Vin oder das Entrecôte Bordelaise, die nach einer klassischen, tropenfrischen Brasil und nicht nach einer

Havanna verlangen. Der Kult von Spitzenprodukten hat eindeutig zu einer Verarmung im Tabakgenuss geführt." Burgers Einsicht, dass Qualität nicht auf Spitzenprodukte beschränkt ist, ja dass diese je nach Umstand nicht einmal die beste Wahl darstellen, macht Qualität erst zu einem Thema, das den gesamten Alltag durchzieht. Das eigene Leben auf Qualität auszurichten bedeutet: das Beste aus dem jeweils Gegebenen und den eigenen Möglichkeiten zu machen.

Wer einmal verstanden hat, dass das Beste vom Besten paradoxerweise nicht immer das Beste ist, wird auch die Gleichsetzung bestimmter, als besonders hochwertig geltender Produktsorten mit bester Qualität in Zweifel ziehen. So sind etwa Champagner oder Cashmere keineswegs immer von überragender Güte. Es gibt lausigen, mittelmäßigen und zum Niederknien guten Champagner, und ein erstklassiger Winzersekt schmeckt besser als ein bloß passabler Champagner. Eine gute Merinowolle kann einem minderwertigen Cashmere deutlich überlegen sein, wenn es etwa um die Weichheit oder den Formbestand des Stoffes nach dem Waschen geht. Wer Wert auf Qualität legt, wird eher auf etwas verzichten, als es in einer schlechten Qualität kaufen, bloß weil die Produktkategorie als erlesen gilt.

Schließlich kommt die Vorstellung, Qualität als bestmöglichen Umgang mit den jeweiligen Umständen zu begreifen, einem erweiterten Qualitätsverständnis entgegen, das die ökologischen Auswirkungen von Produkten bedenkt. Werden anstatt eingeflogener Luxuszutaten bei der Speisenzubereitung eher regionale und saisonale Pflanzen verwendet oder kommen – wie bei der Ganztiernutzung (dem sogenannten *Nose to Tail Cooking*) – nicht nur die Filetstücke auf den Tisch, verbindet sich die Schonung natürlicher Ressourcen mit der Entdeckung besonderer geschmacklicher Qualitäten, die gerade vor Ort in ihren besten Ausprägungen verfügbar sind.

DREI STATIONEN AUS DER DESIGNGESCHICHTE

Qualität, so zeigt die Auseinandersetzung mit den fünf Vorurteilen, lässt sich letztlich nur am Produkt selbst und innerhalb konkreter Lebensumstände bestimmen. Mancher Irrweg, etwa der der Geschmackserziehung, hat eine lange Geschichte. Aus den Debatten der Vergangenheit kann man deshalb einiges lernen, das bei der Suche nach einem zeitgemäßen Qualitätsverständnis weiterhilft. Schauen wir also etwas genauer auf die Geschichte des Qualitätsdiskurses. Sie kann an dieser Stelle nicht annähernd vollständig erzählt werden, was nicht zuletzt daran liegt, dass beispielsweise die für das Qualitätsthema einschlägige Historie des ethischen Konsums erst seit Kurzem gründlicher erforscht wird. Bereits jetzt wissen wir jedoch, dass viele aktuelle Entwicklungen überraschend weit zurückliegende Vorläufer haben. So nimmt, wie bereits erwähnt, die neuerliche Wertschätzung der Handarbeit ihren Ausgang in der Mitte des 19. Jahrhunderts, als John Ruskin, William Morris und andere Vertreter der Arts & Crafts-Bewegung das Niveau der Industrieproduktion kritisierten. In ähnlicher Weise Wert auf erstklassige handwerkliche Verarbeitung legten die 1903 von Josef Hoffmann und anderen gegründeten Wiener Werkstätten, deren Möbel noch heute hergestellt werden.

Die Erweiterung des Qualitätsgedankens um soziale und ökologische Dimensionen hat ebenfalls eine lange Vorgeschichte. Einen frühen Impuls zu einem um soziale Aspekte ergänzten Qualitätsverständnis gaben die sogenannten Käuferligen, deren erste 1891 in New York gegründet wurde und die sich dann in mehreren europäischen

Ländern Anfang des 20. Jahrhunderts formierten, in Deutschland beispielsweise 1907. Die Ligen erstellten Anforderungskataloge, die bessere Arbeitsbedingungen und eine angemessene Entlohnung verlangten, unter anderem bei der damals weit verbreiteten Heimarbeit. Der Clou bestand darin, dass Einzelhändler, die unter Einhaltung der Kriterien hergestellte Waren anboten, auf eine sogenannte weiße Liste gesetzt wurden, die sozialpolitisch sensible Händlerinnen auszeichnete und entsprechende Kaufempfehlungen aussprach. Auch die Idee eines ökologisch motivierten Konsums entstand bereits vor über einem Jahrhundert. Im Zuge der Lebensreformbewegung gründeten sich die Reformhäuser, die lange vor dem Aufkommen der heutigen Bioläden Naturheilverfahren, fleischlose Ernährung und nachhaltige Produktion auf ihre Fahnen schrieben. Ein anderes Beispiel ist das bis heute existierende Naturkosmetikunternehmen Weleda, das Anfang der 1920er Jahre unter anderem von Rudolf Steiner, dem Begründer der Anthroposophie, ins Leben gerufen wurde.

Aber nicht nur handwerklich, sozial und ökologisch motivierte Qualitätsvorstellungen verfügen über eine lange Geschichte. Auch Aspekte wie Materialgerechtigkeit, Funktionalität und Formgebung werden seit über 100 Jahren kontrovers diskutiert. Im Folgenden greife ich aus der Designgeschichte des 20. und 21. Jahrhundert drei besonders einschlägige Positionen heraus, um sie ein wenig eingehender zu betrachten: den Werkbund, die *Gute Form* und die Philosophie des *Super Normal*.

Werkbund

Am 5. und 6. Oktober 1907 gründeten progressive Unternehmer, aufgeschlossene Politiker, liberale Nationalökonomen, Kultursoziologen, Künstler, Produktgestalter und Architekten in München den Deutschen Werkbund. Der Österreichische Werkbund wurde 1912, der Schweizerische 1913 ins Leben gerufen. Zu den frühen Mitgliedern des Deutschen Werkbundes zählten unter anderem Friedrich Naumann, Harry Graf Kessler und Bruno Taut. Ihr Ziel: berufsspezifische Interessen dem Qualitätsgedanken unterzuordnen und eine Verbesserung der Lebensverhältnisse durch ‚Design' herbeizuführen. In der Denkschrift des Gründungsausschusses hieß es, man wolle „zusammenfassen, was an Qualitätsleistungen und Streben in der gewerblichen Arbeit vorhanden war". Der Werkbund verstand sich als „Sammelpunkt für alle, welche zur Qualitätsleistung gewillt und befähigt sind". Die Geschichte des (mit einer von 1938 bis 1947 dauernden Unterbrechung) bis heute bestehenden Werkbundes zeichnet sich durch intensive Debatten über Qualität ebenso aus wie durch eine Reihe geschmackserzieherischer Initiativen, beispielsweise Sammlungen als vorbildlich erachteter Produkte, Wohnberatungsstellen, Wettbewerbe und Preise sowie die Herausgabe von Warenkunden. Die Warenkunden, darunter das *Deutsche Warenbuch* und die *Deutsche Warenkunde*, stellten als Loseblattsammlung oder in gebundener Form Haushalts- und Einrichtungsgegenstände vor, denen die jeweiligen Herausgeber eine hohe gestalterische Qualität zumaßen. Die Idee warenkundlicher Nachschlagewerke reicht weit zurück. Bereits zur Zeit der Aufklärung entstanden erste Lexika, die das verfügbare Wissen über käufliche Dinge zusammentrugen. Sie richteten sich zunächst an Händler; im 19. Jahrhundert kamen dann Warenkunden für Endverbraucherinnen hinzu. So schrieb Johann Heinrich

Moritz von Poppe im Vorwort zu seiner 1836 erschienenen *Volkswaarenkunde* programmatisch: „Alle Menschen haben Waaren nöthig, alle Menschen kaufen Waaren, bald diese, bald jene, und wissen oft nicht, woraus sie bestehen, woher, und von was, und auf welchen Wegen sie kommen, kennen nicht die Art ihres Verkaufs, nicht ihre verschiedenen Sorten und Preise, nicht ihren richtigen Gebrauch, wissen nicht ihre Güte zu beurtheilen, sie nicht gehörig aufzubewahren u. dgl.“ Gut 30 Jahre später, 1867, charakterisierte Karl Marx den Kapitalismus als eine „ungeheure Warensammlung“. Es bezweifelte, „daß jeder Mensch als Warenkäufer eine enzyklopädische Warenkenntnis besitzt“. Auch die Warenkunden taten sich schwer, ihrem Anspruch auf Vollständigkeit gerecht zu werden. Der wachsende Kolonialhandel mit seiner Einfuhr bislang in Europa unbekannter Erzeugnisse sowie die rasante technische Entwicklung stellten die Verfasser immer wieder vor die Notwendigkeit, ihre Bücher zu überarbeiten. Je weiter die industrielle Massenproduktion voranschritt und je unüberschaubarer und unbeständiger das Angebot wurde, desto stärker wuchs der Umfang der Warenkunden, desto rascher veralteten sie, und desto unmöglicher wurde es für ihre Autoren, mit dem sich ständig wandelnden Markt Schritt zu halten. Dieses Schicksal teilten auch die Warenkunden des Werkbundes, obwohl sie im Gegensatz zu früheren keine umfassende Marktübersicht anstrebten, sondern vielmehr eine Auswahl nach Ansicht des Werkbunds besonders empfehlenswerter Dinge präsentierten. Aber selbst hierbei erwies sich das Problem der Aktualität als so groß, dass das Projekt 1961 aufgegeben wurde. Zudem stieß der didaktische Impetus der Geschmackserziehung auf immer weniger Resonanz. Neben der Tatsache, dass Menschen sich selten von rationalen Motiven leiten lassen, fand die strenge Ästhetik des Modernismus seit den 1960er Jahren immer weniger Zuspruch. Auch dies trug zum Niedergang des Vorhabens bei und begünstigte – glaubt man dem Kapitalismuskritiker

Wolfgang Fritz Haug – einen „radikalen Schwund an praktischer Warenkunde in der Bevölkerung". Aus dem Schicksal der Warenkunden lässt sich lernen, dass es bei der Erschließung von Qualität unter der Vorherrschaft des Vielen nicht um die Aneignung eines umfassenden Wissens oder die Beförderung stilistischer Vorlieben gehen kann. Vielmehr kommt es darauf an, handhabbare Verfahrensweisen aufzuzeigen, die bei der Auseinandersetzung mit unübersichtlichen Angeboten helfen.

Ein besonders interessantes Projekt des Werkbundes waren die 1954 eingeführten Werkbundkisten, die ihr Vorbild in der bereits 1937 vom New Yorker Museum of Modern Art initiierten Aktion „Modern Art goes to the Schools" hatten. Bei den Werkbundkisten handelte es sich um lackierte Holzkisten mit Schutzprofilen aus Metall, die mit Anschauungsmaterial zu Themen wie „Küchengerät", „Der gedeckte Tisch", aber auch „Schönes Gerät aus Kunststoff" bestückt waren. Sie wurden insbesondere Kunsterzieherinnen zur Ausleihe angeboten. Die in den Kisten bereitgestellten Essbestecke, Trinkgläser oder Vasen glichen den auch in den Warenkunden empfohlenen Produkten. Zumeist stammten sie von werkbundnahen Firmen wie etwa der Württembergischen Metallwarenfabrik (WMF) und waren von Werkbundmitgliedern wie Wilhelm Wagenfeld entworfen worden. Begleithefte hoben vor allem formal- und materialästhetische Qualitäten unverzierter Gegenstände sowie deren Gebrauchseigenschaften hervor. Die Schülerinnen und Schüler konnten die angepriesenen Dinge im Unterricht in die Hand nehmen und ausprobieren. Über viele Jahre handelte es sich bei den Werkbundkisten um eine Initiative mit großer Nachfrage. Anfang der 1970er Jahre wurde sie jedoch eingestellt. Die Abkehr von einer als besserwisserisch empfundenen Didaktik sowie von einem Designverständnis, das viele nun mit dem „Muff der 50er Jahre" verbanden, führte zu einer Neuausrichtung des Kunstunterrichts und damit zum Ende der Werkbundkiste. Was diese gleichwohl noch heute interessant macht, ist zum einen der Gedanke, Qualitätserziehung bereits in jungen Jahren als Teil des schulischen Curriculums anzusehen, zum anderen die Idee, gelungene Gegenstände durch sinnliche Wahrnehmung und den praktischen Umgang mit ihnen erfahrbar zu machen: Qualität zum Anfassen.

Im Rückblick befremdet manche Werkbundaktivität durch ihre Neigung zu Stilvorschriften, doch hat sich wohl keine Vereinigung so intensiv mit Produktqualität auseinander- und für diese eingesetzt wie der Werkbund. So sehr sich sein Bildungsprogramm unterm Strich durch den „Charme der Chancenlosigkeit“ (Wolfgang Pehnt) ausgezeichnet haben mag, so sehr lassen sich durchaus Erfolge bei der Verbreitung gut gestalteter und gut gemachter Dinge sowie bei der Verbindung von Fragen der Form mit solchen nach der Qualität des Lebens aufzeigen.

Die Gute Form

1949 konzipierte der Künstler und Architekt Max Bill eine zuerst auf der Basler Mustermesse gezeigte Ausstellung mit dem Titel „Die gute Form“. Sie tourte drei Jahre lang durch Deutschland, Österreich, die Schweiz und die Niederlande. 80 Fototafeln zeigten nach Ansicht des Kurators vorbildliche Architektur, Inneneinrichtung und Alltagsgegenstände, ergänzt durch im Original gezeigte, beispielhafte Objekte. Von 1952 bis 1968 vergab der Schweizerische Werkbund eine gleichnamige Auszeichnung für Produkte, die sich durch ihre klaren Formen auszeichneten. In Deutschland verfolgte die Deutsche

Industrie-Messe in Hannover mit der Prämierung „formschöner" Erzeugnisse einen ähnlichen Ansatz. Auf Initiative des Werkbundes gründete sich zudem 1953 der Rat für Formgebung, der sich der Durchsetzung der „guten Form" verschrieb.

Die unter der Bezeichnung „gute Form" zusammengefassten Aktivitäten griffen in einer für die Nachkriegszeit spezifischen Weise die klassische Moderne der Weimarer Republik wieder auf. Dies gilt vor allem für die 1953 von Max Bill, Otl Aicher und Inge Aicher-Scholl gegründete und bis 1968 existierende Ulmer Hochschule für Gestaltung, die auch personell an das 1933 zwangsweise geschlossene Bauhaus anknüpfte. Im Zentrum stand eine rational-sachliche, die Funktion betonende Entwurfsarbeit, die nun mit demokratischer Nüchternheit und Transparenz assoziiert wurde. Damit verbunden war eine unaufgeregte, zurückhaltende Formsprache, die sich – wie Gernot Böhme treffend bemerkt – schon immer, „von Loos bis zum Bauhaus und darüber hinaus" nicht darin erschöpfte, lediglich dem Zweck zu folgen und diesen auszudrücken, sondern zudem „beispielsweise Eleganz und vor allem eben: Modernität" signalisierte.

Zum Musterbeispiel der guten Form wurde die Firma Braun mit ihren vor allem von Dieter Rams geprägten Produkten. Rams, von 1961 bis 1995 Leiter der Abteilung Produktgestaltung der Firma Braun und Vorbild des legendären Apple-Designers Jonathan Ive, lieferte mit seinen „Zehn Thesen zum Design" den wohl bekanntesten und am meisten diskutierten Beitrag zur Bestimmung der Qualität gestalteter Gegenstände in der zweiten Hälfte des 20. Jahrhunderts. Von Rams ausdrücklich als „Orientierung", nicht als „Festschreibung" verstanden, plädierten die Thesen für Kriterien wie Brauchbarkeit, Verständlichkeit, Unaufdringlichkeit und „so wenig Design wie möglich".

In die Kritik geriet die „gute Form“ zum einen wegen ihrer stilistischen Einheitlichkeit und Sachlichkeit, zum anderen wegen ihrer Fokussierung auf das Produktdesign. So plädierte der Designtheoretiker Lucius Burckhardt, 1959 noch selbst Dozent an der Hochschule für Gestaltung in Ulm, als einer der Ersten dafür, dass die gute Form im Sinne der Gestaltung von Einzelobjekten sich öffnen müsse zu einem „Soziodesign“, das gesellschaftliche Probleme umfassender angeht. Beispielsweise sollten Designer nicht nur über formschöne Autos, sondern über nachhaltige Mobilitätssysteme nachdenken. In diesem Sinn argumentierte der Werkbundvorsitzende Hans Schwippert bereits 1959, als er auf einer Werkbundtagung mit dem Titel „Die große Landzerstörung“ anmerkte, die besten Trinkgläser nützten nichts, wenn das Wasser verschmutzt sei. Eine Erweiterung des Qualitätsgedankens um Aspekte der Nachhaltigkeit ist freilich schon in Rams’ Thesen angelegt, zählte er doch Langlebigkeit und Umweltfreundlichkeit zu den Kriterien guten Designs. Noch deutlicher beachtet der Münchener Designer Stefan Diez in einer aktuellen Reformulierung von Rams’ Thesen ökologische Aspekte. Er lenkt das Augenmerk unter anderem auf den Materialkreislauf, den Energieeinsatz und die Reparierbarkeit der Produkte. Auch die soziale Dimension spielt in Diez’ überaus weit gefasster Qualitätsidee eine Rolle: „Bei der Herstellung, Wartung und beim Recycling werden Menschen in erfüllender und fordernder Weise beschäftigt.“

Super Normal

In meinen Augen ist die von den Designern Naoto Fukasawa und Jasper Morrison seit 2006 entwickelte Gestaltungsphilosophie des „Super Normal“ einer der bemerkenswertesten Beiträge zur zeitgenössischen Qualitätsdiskussion. Zuerst begegnet bin ich ihr, als ich vor einigen Jahren im trotz aller Gentrifizierung noch immer recht rauen Nordosten Londons vor einer schwarz lackierten Tür stand. Dahinter befindet sich das Studio des Industriedesigners Jasper Morrison – und ein kleiner Laden mit Haushaltswaren, den Morrison auf dem Gelände in der Kingsland Road 24b betreibt. Das Besondere dieses Geschäftes besteht nicht nur darin, dass es keine Schaufenster hat, sondern dass die Produkte des weltbekannten Designers zwischen namenlosen Objekten gezeigt werden. Beide stehen zum Verkauf, und es ist Morrisons Ehrgeiz, dass die von ihm entworfenen Dinge zwischen den irgendwo auf der Welt gefundenen Gegenständen nicht weiter auffallen. Diesen Ansatz verfolgte der Designer erstmals in einer mit Naoto Fukasawa konzipierten Ausstellung, die den Titel „Super Normal – Sensations of the Ordinary“ trug. In einem Interview mit Charles Arthur Boyer und Federica Zanco erklärt Morrison: „I'm sure that a lot of people live in very satisfactory ways in interiors where design is irrelevant, simply by buying objects from normal shops, objects which serve a purpose and together have a kind of integrity which lead to a much less fussy and much less style-conscious way of living. Which is probably more real. For me that's the competition and the goal, to do the same thing with design.“ Damit umschreibt Morrison die Designphilosophie des *Super Normal*, eine Entwurfshaltung, die das behutsame Verbessern bestehender, vertrauter Formen der raschen Abfolge ‚origineller‘ Produkte vorzieht. Am Erreichten weiterzuarbeiten anstatt es ‚disruptiv‘ auszuhebeln, lautet das gleichermaßen bewahrende wie optimierende Credo: „Special things demand attention for the wrong reasons, interrupting potentially good atmosphere with their awkward presence“ , schreibt Morrison in seinem „Manifesto“. Es gehe vielmehr darum, Alltagsgegenstände „more real, lasting, and pleasing“ zu machen und ihnen eine „effortless familiarity“ zu verleihen, wie er es in seinem *Book of Things* ausdrückt. Ein häufiger Ausgangspunkt dieses Prozesses sind jene anonymen Objekte, deren Gestalter nicht bekannt sind und die Morrison in seinem kleinen Laden anbietet, zum Beispiel Haushaltswaren, die er auf seinen Reisen gefunden hat. Solche „humble masterpieces“ (Paola Antonelli) oder „hidden forms“ (Franco Clivio) müssen nicht neu erfunden werden. Sie gewinnen qualitativ nichts hinzu, wenn ein Stardesigner ihnen einen individuellen stilistischen Dreh verleiht. Allerdings kann es Gründe geben, das Bewährte subtil und mit Raffinesse weiterzuentwickeln. Dann machen sich Morrison und seine Mitstreiterinnen an die Arbeit und heben durch minimale Interventionen die Qualität eines Alltagsgegenstandes an. Überzeugt das Ergebnis mehr als das Vorgefundene, besteht es den Super-Normal-Test. Entsprechend definiert Morrison seine Aufgabe im *Book of Things* folgendermaßen: „to make things better than what's already there“. Anstatt Design als Betonung des Neuen und Besonderen oder gar als Selbstausdruck eines Designers aufzufassen, will das *Super Normal* durch Weiterarbeit an bewährten, vertrauten Typen, durch leichte Verschiebungen und subtile Verfeinerungen eine ebenso raffinierte wie selbstverständliche Qualität erreichen.

QUALITÄT UND QUALITÄTEN

Das Wort Qualität hat seinen Ursprung im lateinischen *qualitas*, Beschaffenheit. Im heutigen Sprachgebrauch lassen sich zwei Bedeutungen unterscheiden: Eigenschaft und Güte. Entsprechend wird das Wort beschreibend („Cashmere ist eine Wollqualität") oder bewertend („Ein Pullover aus bestem Cashmere") verwendet. Zwar kann ein Qualitätsurteil einsilbig ausfallen („lecker"), Verständigung über Qualität wird jedoch erst auf der Basis einer gemeinsamen Sprache für die Eigenschaften des Bewerteten möglich. Will man es also nicht bei einem emphatischen Ausruf belassen, gilt es, das Besondere eines Gegenstandes auf eine Weise herauszuarbeiten, die seine Güte einsichtig macht. Mit anderen Worten: Um über Qualität (Güte) sprechen zu können, muss man über Qualitäten (Eigenschaften) sprechen. Und das fällt erstaunlich schwer. „Schmecken können wir viel, nur – uns fehlen die Worte", stellt der Restaurantkritiker Jürgen Dollase in seiner *Geschmacksschule* fest und fügt hinzu: „In kaum einem Bereich der Kultur ist die Sprache so unterentwickelt wie beim Beschreiben von Geschmack und den Eindrücken beim Essen." Dollases Diagnose trifft auch auf andere Alltagsbereiche zu, wird am Beispiel des Kulinarischen aber besonders anschaulich. Wie schwierig es offenbar ist, sich über sinnliche Qualität(en) sprachlich zu verständigen, zeigt kein Beispiel besser als die Weinkritik. Denn der wohl erfolgreichste aller Weinkritiker, der amerikanische Anwalt Robert Parker, wurde nicht durch seine sprachschöpferischen Fähigkeiten, sondern durch seine Punktebewertungen berühmt. Parker übersetzte Qualität in Quantität, nämlich in eine Güteskala, die von 0 bis 100 reicht. Als werde Qualität erst richtig zugänglich, wenn man sie in Ziffern ausdrückt und dem immer mehr Lebensbereiche umfassenden „Sog der Zahlenhaftigkeit“ (Steffen Mau) nachgibt, haben die sogenannten Parker-Punkte selbst nach Parkers Rückzug ins Rentenalter massive Auswirkungen auf die Weinpreise. Weine mit mehr als 95 Punkten erreichen besondere Aufmerksamkeit auf dem Markt. Mit seinem Raster schert Parker die vielfältigen Weine der Welt über einen Kamm, und zwar den der von ihm bevorzugten, von seinen Kritikern oft als „marmeladig“ und breit bezeichneten Stilistik. Der Fairness halber muss man sagen, dass Parkers Publikation, der *Wine Advocate*, seine Urteile auf der Grundlage professioneller Verkostungen fällt und Interessierte darin auch sprachliche Beschreibungen finden. Dennoch ist der Erfolg des Magazins vor allem durch die Rückführung von Qualität auf Quantität zu erklären. Punktebewertungen bieten eine schnelle Groborientierung, die es möglich macht, Kaufentscheidungen zu fällen und mit Spitzenerzeugnissen zu beeindrucken, ohne sich intensiver mit den Produkten und ihren besonderen Qualitäten auseinandersetzen zu müssen.

Der Unterschied zwischen einem eher auf Zahlen und einem eher auf die Sprache setzenden Zugang zum Thema Qualität zeigt sich auch in der wirtschaftswissenschaftlichen Diskussion. Die Ökonomik tut sich schwer mit der qualitativen Dimension der Dinge. „Solange Wirtschaftstheorie betrieben wurde“, bemerkte der amerikanische Ökonom Lawrence Abbott bereits 1955, „solange haben sich Theoretiker ausschließlich mit den Fragen der Preisbestimmung und der Preis-Mengen-Relation befaßt. Das ebenso interessante wie wichtige Phänomen, daß auch das Produkt oder die Qualität als Variable untersucht werden kann, hat nur ungenügende Beachtung gefunden.“ Seither hat sich zwar viel getan, unter anderem wurde in den Blick genommen, dass Konsumentinnen vor dem Kauf letztlich nicht wissen können, was ein Produkt taugt (die sogenannte Qualitätsunsicherheit). Doch der herrschenden ökonomischen Denkweise fällt es noch immer schwer, das Zusammenspiel von Eigenschaften, Erleben und Wertschätzen in den Griff zu bekommen, um das es beim Thema Qualität letztlich geht. Derzeit stehen sich, grob gesagt, zwei Konzepte gegenüber. Das klassische Modell findet seinen Ausdruck in einer ISO 9000 genannten Norm. Sie lautet: „Qualität ist ein Grad, in dem ein Satz inhärenter Merkmale eines Objekts Anforderungen erfüllt." Verständlicher formuliert, definiert diese Norm Qualität als die Erfüllung zuvor festgelegter Anforderungen. Es geht um den Grad der Übereinstimmung von Soll- und Ist-Werten. Werden die Vorgaben erreicht, haben wir es mit Qualität zu tun. Man merkt diesem Ansatz seine Herkunft aus der Industrie an, in der Ingenieure Standards der Sicherheit und Zuverlässigkeit festlegen, deren Einhaltung streng kontrolliert wird. Aber kann man außerhalb der Welt der „technischen Überwachung" und des „Controlling" etwas damit anfangen?

Wo Qualität als Übereinstimmung mit Anforderungen definiert wird, stellt sich sogleich die Frage: Welche Anforderungen? Die ISO-9000-Norm ist eine rein formale und insofern beliebige Bestimmung. Die Frage nach überzeugenden Kriterien lässt sie unbeantwortet. Für Betriebswirte hat dies den Vorzug uneingeschränkter Einsetzbarkeit, für Qualitätssuchende den Nachteil maximaler inhaltlicher Leere. Qualität, lautet die Antwort, ist bloß eine Übereinkunft, die Festlegung einer Erwartung. Wie niedrig auch immer man die Schwelle legt, solange diese erreicht wird, kann Qualität zertifiziert werden. Als Qualitätslebensmittel darf dann schon gelten, was einigermaßen bekömmlich ist und einen Menschen nicht unmittelbar vergiftet.

Das formale Qualitätsverständnis bringt noch ein zweites Problem mit sich. Zwar macht es Qualität messbar, aber um den Preis bürokratischer Berichterstattung. Denn je mehr Kriterien festgelegt werden, desto mehr werden auch dokumentiert und einer Kontrolle (einem sogenannten Audit) unterzogen. Das Anliegen, Qualität sicherzustellen, schlägt dann in Quantität um. Entsprechend bedeutet das unter anderem auf die Ökonomen William E. Deming und Philip B. Crosby zurückgehende Qualitätsmanagement etwa im Bildungsbereich für die Beteiligten in der Regel vor allem eines: mehr Fragebögen, mehr Sitzungen, mehr Verwaltung – und weniger Zeit für qualitativ hochwertige Arbeit. Wolf Lotter vom Wirtschaftsmagazin *brand eins* sieht damit den Weg zu Konformität und Nachahmung vorgezeichnet, Innovation, Kreativität und individuelle Abweichung hingegen erschwert.

Besonders außerhalb industrieller Serienproduktion stößt die ISO-9000-Norm also an ihre Grenzen. Neuere Ansätze, etwa von den französischen Wirtschaftssoziologen Michel Callon und Lucien Karpik, räumen deshalb ein, dass die Auseinandersetzung mit der Qualität bestimmter Dinge einen anderen Zugang erfordert. Sie sprechen von sogenannten Singularitätsgütern, worunter beispielsweise Kunstwerke, Handwerkserzeugnisse oder kulinarische Erfahrungen fallen. Solche Güter verlangen aufgrund ihrer Unvergleichlichkeit und Unverwechselbarkeit von den Verbraucherinnen eine subtile Sensibilität bei der Beurteilung, die den jeweiligen Qualitäten eines einzelnen Objektes gerecht wird und offen bleibt für Entdeckungen. Hier kommt das ‚gewisse Etwas' ins Spiel, das bei der Übersetzung in Zahlen verloren geht. Anstatt Bewertungen in einer Ziffer zu verdichten, kommt es vielmehr darauf an, über Eigenschaften, Eindrücke und Erleben ins Gespräch zu geraten. Damit der Austausch über das ‚je ne sais quoi' nicht zu vage ausfällt, lohnt es sich gleichwohl, einen kleinen Katalog möglicher Qualitätsmerkmale zusammenzustellen. Nur eben nicht im Sinne einer zuvor festgelegten Norm, sondern als ersten Schritt zur Ausbildung einer qualitätsbezogenen Ausdrucksfähigkeit und als Anhaltspunkt für die eigenständige Auseinandersetzung mit den Dingen des Alltags.

QUALITÄTSMERKMALE: EIN KLEINER KATALOG

Material

Ob es sich um die Zutaten eines Essens, den Stoff eines Kleidungsstücks oder das Holz eines Stuhls handelt: ohne gutes Material kann einem Gegenstand keine gute Gesamtqualität zugesprochen werden. Unter einem guten Material wird in der Designgeschichte nicht nur ein hochwertiges, sondern auch ein ‚ehrliches' (das nicht vorgibt, etwas anderes zu sein als es ist) und ein angemessenes verstanden. Im Begriff der Materialgerechtigkeit spiegelt sich, dass Qualität ein Verhältnisbegriff ist. Das Material sollte das für den jeweiligen Zweck richtige sein. In seiner Kulturgeschichte des Handwerks hebt Richard Sennett das Materialbewusstsein des Handwerkers als eine besondere Qualifikation hervor: „Sein ganzes Bemühen um qualitativ hochwertige Arbeit hängt letztlich ab von der Neugier auf das bearbeitete Material.“ Wie biegsam ein Metall, wie bruchsicher ein Glas oder wie abriebfest ein Nylonstoff ist, kann sich als entscheidend für die Qualität eines Gegenstandes erweisen. Zudem kann Material zur Qualität eines Objektes beitragen, indem es als Material, in seiner Eigenheit spürbar wird und sein besonderer Charakter hervortritt.

Verarbeitung

Gutes Material nützt jedoch wenig, wenn es nicht gut verarbeitet wird. Ob ein Gegenstand lieblos oder mit Sorgfalt angefertigt wurde, zeigt sich oftmals gerade dort, wo man es nicht auf den ersten Blick sieht. Sind nur die Außen- oder auch die Innennähte eines Kleides sauber gearbeitet? Wurde eine Software mit Überlegung geschrieben, oder handelt es sich um einen Flickenteppich aus Hacks und Workarounds? Es lohnt sich, auf Details zu achten, sie bilden einen verlässlichen Indikator der Verarbeitungsqualität. Und bisweilen zeichnet sich ein Objekt sogar dadurch aus, dass seine besondere Machart, ja sein Gemachtsein selbst herausgestellt wird. Das ist beispielsweise dann der Fall, wenn bei einem Fahrzeug der Motor oder bei einem Gebäude die architektonische Konstruktion nicht versteckt, sondern absichtlich exponiert wird, um deren Solidität und Schönheit sichtbar zu machen.

Funktion

Wenn ein Wecker zur richtigen Zeit klingelt und ein Wasserhahn nicht tropft, sprechen wir davon, dass sie funktionieren. Funktionalität ist wohl die minimalste Qualitätserwartung, die an Dinge gerichtet wird. Stimmt der Gebrauchswert nicht, tun Geräte nicht, was sie tun sollen, sprechen wir von schlechter Qualität. Ob die Dinge in funktionaler Hinsicht etwas taugen, ist freilich eine sehr technische Vorstellung von Qualität, eine Qualitätsidee, wie sie in der vom Rationalisierungsgedanken bestimmten, industriellen Moderne leitend war. Der Philosoph Theodor W. Adorno verlieh 1965 seinem Unbehagen an einer ganz auf Zweckerfüllung setzenden Gestaltung Ausdruck: „Fast jeder Verbraucher wird das Unpraktische des erbarmungslos Praktischen an seinem Leib schmerzhaft gespürt haben", sagte er mit Blick auf ein von vorne bis hinten durchkalkuliertes Design, das moderne Wohnungen vor lauter Kargheit und scharfkantiger Eckigkeit als unbehaglich erscheinen lässt und eher einschränkend als ermöglichend wirkt.

Qualität ist mehr als Gebrauchstüchtigkeit. Gleichwohl steckt in der rationalistischen Qualitätsvorstellung eine Idee, die für ein umfassendes Verständnis von Qualität unabdingbar ist. Ich meine die Überzeugung, dass Qualität ohne gedankliche Klarheit nicht zu haben ist. In seinen Vorlesungen über die Kunst der Filmregie, die der Autor und Regisseur David Mamet 1987 an der New Yorker Columbia University gehalten hat, findet sich eine Reihe von Einsichten zum Thema Qualität. Eine lautet: „Es ist sehr schwer, etwas zu flicken, was schlecht gemacht wurde. Es ist besser, im voraus zu planen, wenn noch Zeit ist." Mamets Gedanke gilt nicht nur für die Filmregie, wo es sehr teuer werden kann, wenn ein Drehtag schlecht vorbereitet wurde und wiederholt werden muss. Auch Unternehmen sind gut beraten, keine undurchdachten Dinge in Serie zu geben, denn Nachbesserungen sind teuer und zeitaufwendig und schaden dem Ansehen einer Marke. Das bedeutet natürlich nicht, dass Versuch und Irrtum keine gute Methode bei der Entwicklung von Prototypen wäre. Der japanische Designer Kenji Ekuan arbeitete drei Jahre lang am Design der Sojasaucenflasche des Herstellers Kikkoman und testete dabei 100 Prototypen. Dann erst hatte er das Endprodukt gedanklich so sehr durchdrungen, dass es seine bis heute unübertroffene Form fand. Seit ihrer Entstehung im Jahr 1961 wurde die Flasche mit der roten Kappe, bei der kein Tropfen danebengeht, über 400 Millionen Mal verkauft.

Form

Die Verwechslung von Qualität mit stilistischen Vorlieben zählt zu jenen Missverständnissen, die ich zu Beginn dieses Kapitels kritisiert habe. Wenn eine aufgeklärte Qualitätskultur also mit guten Gründen von Geschmacksvorschriften Abstand nimmt, in welchem Sinne trägt die Form eines Gegenstandes dann überhaupt zur Qualität bei?

Bereits mit Blick auf die Funktion zeigt sich, dass die Form nicht umgangen werden kann, wenn von Qualität die Rede ist. Dominieren nämlich ästhetische Aspekte so sehr, dass ein Gebrauchsgegenstand seinen eigentlichen Zweck nicht mehr erfüllen kann, wirkt die Form qualitätsmindernd. Diese Sorge steckt hinter dem weit verbreiteten Einwand, die Qualität vieler Waren nehme immer mehr zugunsten ihres ‚Designs' ab. Unter Design wird dann das äußere Erscheinungsbild verstanden, bis hin zu einer oberflächlichen Aufhübschung von Dingen, die ansonsten durch ihre stümperhafte Gestaltung enttäuschen. Klagen dieser Art sind alt. Bereits Ende des 19. Jahrhunderts monierte Thorstein Veblen: „Bekanntlich läßt sich der Käufer im Laden mehr von der Aufmachung der Güter als von Merkmalen des praktischen Nutzens leiten." Viele Konsumkritiker folgten ihm, besonders prominent der marxistische Philosoph Wolfgang Fritz Haug, der in seiner wirkmächtigen *Kritik der Warenästhetik* den Gebrauchswert als einziges und von ästhetischer Attraktivität stets gefährdetes Qualitätskriterium gelten ließ. Die Waren, behauptete Haug, hielten immer weniger, was ihre Verpackung und ihre äußere Aufmachung verspreche.

Gegen Haugs auffällig unsinnliche Ästhetik führen Kritiker wie Gernot Böhme und Wolfgang Ullrich jedoch ins Feld, dass die Formgebung selbst ein Qualitätsmerkmal sein kann – und dies nicht nur, wenn sie der Funktion „folgt“. Was spricht dagegen, sich an Gestalt und Inszenierung eines Produktes zu erfreuen – wenigstens, solange diese nicht auf Kosten der Brauchbarkeit gehen? Jeder Gegenstand ist irgendwie geformt, warum also sollte er nicht ansprechend, charmant oder sogar mit einem gewissen Witz gestaltet werden? So argumentierte die Philosophin Hannah Arendt bereits 1958. Da jedes Ding auch erscheine, jede Erscheinung aber eine Gestalt habe, übersteige jeder Gegenstand von sich aus den bloßen Gebrauchswert und habe „eine Art von Existenz (...) die jenseits seiner Funktion liegt“. Durch seine bloße Sichtbarkeit durchbreche ein Ding „gleichsam auf eigene Faust (...) die Sphäre des Zweckdienlichen“. Deshalb, so Arendt, könne „der Maßstab seiner Trefflichkeit nicht mehr seine bloße Nützlichkeit sein, als erfülle ein häßlicher Tisch seinen Zweck genauso gut wie ein ‚schöner‘“. Man kann Arendts Argument sogar noch zuspitzen: Warum nicht einen Gegenstand schätzen, gerade weil er ein schönes Objekt ist, das durch sein Aussehen wohltut und Freude bereitet? Es wäre ein dürftiges und veraltetes Verständnis des Wirtschaftens, wenn ökonomisches Handeln lediglich dazu diente, Gebrauchswerte und Statussymbole zu produzieren, Nutzen und sogenannten symbolischen Zusatznutzen, anstatt dazu beizutragen, das Leben besser einzurichten. In diesem Sinn machte Adorno in seinen *Minima Moralia* darauf aufmerksam, „daß die Dinge unterm Gesetz ihrer reinen Zweckmäßigkeit eine Form annehmen, die den Umgang mit ihnen auf bloße Handhabung beschränkt, ohne einen Überschuß, sei's an Freiheit des Verhaltens, sei's an Selbständigkeit des Dings zu dulden“. Adorno formulierte damit eine bis auf den heutigen Tag nicht eingelöste Qualitätsidee, welche die funktionalistische Verengung hinter sich lässt. Was, wenn Dinge erst dann als gelungen gelten können, wenn sie über ihren Zweck hinaus Möglichkeiten freier Aneignung bereitstellten und ganz sie selbst wären? Der Briefbeschwerer auf meinem Schreibtisch tut seinen Dienst. Ich kann ihn aber auch für ein kleines Training zweckentfremden oder ihn in der puren Schönheit seiner ästhetischen Ausstrahlung betrachten. Erst dann würdige ich ihn in seiner vollen Qualität.

Es wäre ein dürftiges und veraltetes Verständnis des Wirtschaftens, wenn ökonomisches Handeln lediglich dazu diente, Gebrauchswerte und Statussymbole zu produzieren, Nutzen und sogenannten symbolischen Zusatznutzen, anstatt dazu beizutragen, das Leben besser einzurichten.

FÜR EIN ERWEITERTES QUALITÄTSVERSTÄNDNIS

Material, Verarbeitung und Funktion bilden die grundlegendsten Qualitätsmerkmale; hinzu tritt die Formgebung. Je nach Gegenstand sind die einzelnen Aspekte von größerer oder geringerer Wichtigkeit und werden in unterschiedlicher Ausprägung verwirklicht. Darüber hinaus kommen, wie bereits bemerkt, immer häufiger auch ethische Überlegungen bei der Qualitätsbestimmung zum Tragen, um zu einem volleren Verständnis gut gemachter Dinge zu gelangen. Zur ethischen Qualität eines Gegenstandes kann beispielsweise dessen Haltbarkeit, Reparierbarkeit und Flexibilität im Gebrauch zählen, da diese Eigenschaften den ökologischen Fußabdruck eines Produktes verringern. Letztlich kann jedes der bereits genannten Qualitätsmerkmale ethisch angereichert werden. Wie robust ist das Material? Wurde ein Gerät so verarbeitet, dass Verschleißteile ausgetauscht werden können? Wie fehlerfreundlich ist es im Gebrauch? Auch die, oftmals als „Zeitlosigkeit" bezeichnete, ästhetische Haltbarkeit und damit die Form kann zu einem nachhaltigeren Gebrauch beitragen. Neben ökologischen Folgen spielen zudem die Produktionsbedingungen eine Rolle. Wie werden die Arbeiterinnen und Arbeiter behandelt? Sind die Handelsbeziehungen fair gestaltet? Es ist eine hilfreiche Faustregel, keine Dinge zu kaufen, bei denen man lieber nichts über deren Entstehungsumstände wissen will. Besonders interessant wird es, wenn Hersteller Fairness nicht als abzuhakendes Korrektheitskriterium auffassen, sondern als Teil eines gemeinsamen Qualitätsstrebens. In diesem Sinne argumentiert beispielsweise Yumi Choi, die als Mitgründerin der Berliner Kaffeerösterei Bonanza Coffee zu den Pionierinnen der neuen Kaffeekultur zählte: „There is a difference between the concept of reacting to social injustice and rewarding people for their excellence. To buy because of excellence means to meet the producers as partners eye to eye. (...) From our perspective, we think it is better to invest in somebody because he or she is producing an excellent product that you can taste in the cup." Ein weites Qualitätsverständnis fragt ganz generell danach, wie sich Produkte auf das Wohlbefinden und die Freiheit ihrer Hersteller und Nutzerinnen auswirken.

Wo der Qualitätsbegriff so umfassend ausgedehnt wird, liegt freilich die Gefahr einer Überfrachtung nahe. Soll die Rede von Qualität gehaltvoll bleiben, kann deshalb nicht alles, was gesellschaftlich gerade als wichtig angesehen wird, in eine Qualitätsdefinition hineingelegt werden, ohne dass diese an Trennschärfe verlöre. Aus diesem Grund plädiere ich dafür, eine Erweiterung des Qualitätsverständnisses nur dann vorzunehmen, wenn diese an die Qualitäten eines Dinges rückgebunden wird. Nur das, was auf die Eigenschaften eines Objektes zurückgeführt werden kann, nur das, was gleichsam in es eingelassen ist, sollte als Qualitätsmerkmal erachtet zu werden. Wenn moralische Gehalte nicht nur äußerlich auf einen Gegenstand projiziert werden oder dieser bloß symbolisch damit aufgeladen wird, sondern diese gleichsam in die Dinge eingebaut sind, leuchtet es ein, von Qualität auch in einem umfassenderen Sinn zu sprechen.

ERNÄHRUNG, KLEIDUNG, WOHNUNG

Der Weg zur Qualität führt über die Qualitäten. Ihre Entdeckung erfordert den bewussten Einsatz aller Sinne. In der klassischen Ästhetik galt der Sehsinn als nobelster Sinn, gefolgt vom Gehör, während das Riechen, Schmecken und Tasten abgewertet wurden. Für die Alltagsästhetik überzeugt eine solche Hierarchie nicht. Beispielsweise entstehen wissenschaftlichen Schätzungen zufolge rund 90 Prozent der Sinneseindrücke eines guten Essens in der Nase. Bei Kleidungsstücken spielt der Griff des Stoffes eine wichtige Rolle, nicht nur die Optik. Und bei Gegenständen des täglichen Gebrauchs ist es kein guter Rat, sie allein nach dem Erscheinungsbild auszuwählen und damit Stilpräferenzen zum wichtigsten Kriterium zu machen. Für Qualitätsinteressierte ist das eine gute Nachricht. Wer aufmerksam fühlt und mit geschlossenen Augen riecht, wer konzentriert schmeckt, feine Geräusche bemerkt und genau hinschaut, lernt Unterschiede wahrzunehmen und Welten zu entdecken. Es gilt, neugierig zu sein, Unbekanntes zu erkunden und Vorurteile abzubauen – etwa hinsichtlich dessen, welche Speisen man mag und welche nicht. Dazu empfiehlt es sich, Zeit und Geduld mitzubringen, gerade dann, wenn sich die Dinge einmal nicht auf Anhieb erschließen. Zwei Tipps können helfen, in der Wahrnehmung und Benennung von Qualitäten immer versierter zu werden. Tipp 1: Notizen machen. Es lohnt sich, Beobachtungen und Eindrücke zu Papier zu bringen. Professionelle Weinkritiker beispielsweise wären ohne ihre Degustationsprotokolle aufgeschmissen. Aufzeichnungen sorgen für ein konzentrierteres Genießen, verleiten zur Genauigkeit und zum gründlicheren Nachdenken – und sie helfen dem Gedächtnis auf die Sprünge.

Tipp 2: Vergleiche ziehen, am besten zwischen nah beieinander liegenden Dingen. Probieren Sie beispielsweise einmal unterschiedliche Äpfel oder Apfelsaftsorten parallel. Das macht schon wegen der Farbenpracht der Früchte und ihrer lustigen Namen Spaß. Wie schmeckt „Geheimrat Dr. Oldenburg“ und wie hingegen die „Goldparmäne“? Oder veranstalten Sie im Freundeskreis eine Vertikalprobe. Darunter versteht man den vergleichenden Genuss von Weinen ein und desselben Gutes aus unterschiedlichen Jahrgängen. So lassen sich subtile Unterschiede registrieren und nach und nach auch in Sprache fassen. Wer seinen Gaumen eine Zeit lang systematisch schult, kann Qualitäten leichter identifizieren und Qualität begründeter beurteilen. In der Rückschau verblasst manches, das anfangs gefiel, hinter spannenderen Dingen. Das ist normal. Man entwickelt sich durch Übung, macht Fehler und kann nicht jede Lücke schließen. Ich selbst habe mich zum Beispiel recht intensiv mit Weißweinen aus Deutschland und Rotweinen aus Frankreich beschäftigt. Meine Kenntnisse von Weinen aus Italien oder Übersee sind viel dürftiger. Egal, irgendwo muss man anfangen. Am besten, man entspannt sich und traut dem eigenen Urteil. Das Tolle ist, dass das Lernen durch Probieren große Freunde macht und das Entdecken niemals aufhört.

In diesem Abschnitt schauen wir uns drei Bereiche genauer an, bei denen sich Qualität erst aus der intensiven Beschäftigung mit Qualitäten erschließt: Ernährung, Kleidung und Wohnung. Der Weg führt von innen nach außen. Die Nahrung, die wir zu uns nehmen, dringt direkt in den Körper ein. Kleidung, unsere zweite Haut, tragen wir zwar auf dem Körper, aber letztlich können wir sie jederzeit wieder abstreifen. Und die Unterkunft, in der wir uns aufhalten, wirkt ohne umfassende physische Berührung auf uns ein und kann normalerweise ohne Weiteres wieder verlassen werden. Interessanterweise nimmt mit dem Abstand zum Menschen die Dauerhaftigkeit der

Dinge zu: Nahrung verbleibt kurzfristig im Körper, Kleidung ist von mittlerer Haltbarkeit, Gebäude und Einrichtungsgegenstände zeichnen sich durch eine vergleichsweise lange Lebensdauer aus. Einverleiben, umhüllen, umgeben: Je näher etwas an uns dran ist, desto stärker wirkt dessen Qualität aufs Gemüt. Darin liegt ein guter Grund dafür, bei der Ausrichtung des eigenen Lebens auf Qualität mit dem Essen und Trinken zu beginnen.

Essen und Trinken

Will man sich mit der Qualität von Speisen und Getränken auseinandersetzen, lohnt es sich, ein paar Einsichten in Erinnerung zu rufen, die wir bereits gewonnen haben. Alle fünf Vorurteile, die das Erschließen von Qualität erschweren, bestehen nämlich auch in Bezug auf Essen und Trinken. Man verbaut sich viel, wenn man lediglich eine bestimmte Nationalküche, etwa die französische, für wahrhaft qualitätvoll hält. Zu glauben, dieses oder jenes gebe es nirgends besser als ausgerechnet dort, wo man zufälligerweise herstammt, ist meistens ein Zeichen von Provinzialität. Fast immer sind Optimierungen oder augenöffnende Neuinterpretationen möglich. Ebenso wenig wie eine lokale Beschränkung hilft eine zeitliche, zum Beispiel, wenn man klassischen Zubereitungsweisen nachtrauert und neue Richtungen wie etwa die Molekular- oder Gemüseküche unverstanden ablehnt. Die dritte Qualitätsblockade, nämlich Distinktionsgetue, setzt vor allem gegenüber der Spitzenküche die Hemmschwelle unnötig hoch. Das ist schon deshalb schade, weil es dort oftmals erheblich ungezwungener zugeht, als viele Menschen meinen. Viertens kommt es sogar bei kulinarischer Qualität nicht auf geschmackliche Vorlieben oder Abneigungen an. Expertinnen können beispielsweise anerkennen, dass ein Wein handwerklich gut gemacht ist oder innerhalb seiner Kategorie zu den besten zählt, ohne diese bestimmte Stilrichtung selbst trinken zu wollen. Zudem hängen Geschmacksbewertungen häufig eher mit dem Horizont der Urteilenden zusammen als mit der Qualität eines jeweiligen Produktes. Wer etwa meint, mit belanglosem Discounterschaumwein das Nonplusultra zu trinken, hatte möglicherweise noch keine Gelegenheit, Champagner kleiner Qualitätserzeuger kennenzulernen. Umgekehrt ist die Bevorzugung des ‚Allerbesten' ebenso wenig ein Garant herausragender Qualität. Extravagante, als besonders hochwertig geltende Delikatessen wie Ortholane, Beluga-Kaviar oder Alba-Trüffel ergeben für sich genommen noch keine Spitzenküche. Werden sie gut gelagert? Richtig eingesetzt? Handelt es sich beispielsweise bei einem Wolfsbarsch um einen Wildfang mit dem richtigen Gewicht und im passenden Alter? Ein guter Koch wird zudem nicht nur aus besonderen Zutaten, sondern aus überraschend vielem ein schmackhaftes Gericht ‚zaubern' – und vielleicht sogar das Spektrum dessen erweitern, was Menschen als essbar einstufen.

Auf dem Weg zu einer Kultur kulinarischer Qualität hilft es ungemein, erst einmal zu reduzieren und ein Gespür für die natürliche Aromenstärke der Zutaten zu bekommen. Denn viele Lebensmittel sind uns nur in überwürzten oder von dicker Panade zugekleisterten Geschmacksbildern bekannt. Desserts mit weniger Zucker beispielsweise bringen Kakao, Nüsse oder Fruchtmark geschmacklich viel besser zur Geltung. „Häufig ist die Qualität von richtig guten Produkten in einer richtig guten Zubereitung überhaupt nicht bekannt", schreibt Kulinarikkritiker Jürgen Dollase in seiner *Geschmacksschule*. „Wer dann einmal einen makellosen Fisch von einer wunderbaren

Konsistenz bekommt, kann oft nur darüber staunen, was ihm im Laufe des Lebens bisher verborgen geblieben ist." Als ich in Paris einmal die Gelegenheit hatte, das berühmte Kartoffelpüree des Jahrhundertkochs Joël Robuchon zu essen, kam es mir vor, als äße ich Kartoffelpüree zum ersten Mal, als nähme ich etwas zu mir, das seiner Idee vollkommen entspricht – und das, obwohl ich in meinem Leben schon viel Kartoffelpüree, und nicht einmal das schlechteste, gegessen hatte.

Es ist erstaunlich, wie viel Überflüssiges weggelassen werden kann, wenn die Qualität des Verbleibenden stimmt. Der Ratschlag des Ernährungsexperten Michael Pollan, man solle misstrauisch werden, wenn ein Lebensmittel mehr als fünf Zutaten enthält, gibt durchaus einen guten Anhaltspunkt. Ein Brot zum Beispiel braucht keine anderen Zutaten als Mehl, Salz und Wasser. Werden diese in hervorragender Qualität eingesetzt, bedarf es keiner Geschmacksverstärker und Zusatzstoffe, um ein Brot mit erstklassigem Geschmack zu backen, das nach Getreide duftet und Charakter hat. An die Stelle von Backtriebmitteln tritt Zeit, wodurch sich das fertige Produkt zudem länger lagern lässt.

Ebenso ist es ein gutes Zeichen, wenn die Speisekarte eines Restaurants nicht allzu lang ausfällt, denn wo eine Karte viele verschiedene Gerichte anbietet, muss viel unterschiedliches Material vorrätig gehalten werden, wodurch fast zwangsläufig Produkte mit mangelnder Frische oder dem falschen Reifegrad zum Einsatz kommen oder man auf Fertigprodukte zurückgreift, die lediglich aufgewärmt werden. Zudem zwingt die Vielzahl der Positionen zum Einkauf schlechterer Qualitäten, wenn die Durchschnittspreise nicht steigen sollen. Schließlich verhindern allzu viele Gerichte auf einer Karte individuell abgestimmte, klare Konzepte für das je einzelne Gericht.

Bei der Erkundung kulinarischer Qualität sind Neugier und Offenheit wichtiger als vermeintliche Geheimtipps. Dollase zufolge geht es um „ein bewusstes Essen, das das Beste aus jedem Gericht herauszuholen versucht", wie er in seinem Buch über *Kulinarische Intelligenz* schreibt. Das gilt für Zutaten und Zubereitung, aber auch fürs aufmerksame Verzehren. Um diese Einsicht sinnlich nachzuvollziehen, genügt es bereits, auf einem Frühstücksei banales Kochsalz mit Fleur de Sel aus dem Atlantik oder Maldon Sea Salt zu vergleichen. Dabei lassen sich unterschiedliche Knusprigkeitsgrade ebenso entdecken wie feine Aromen von Algen und Meer. Ein weiteres Beispiel, bei dem schon ein basales Hintergrundwissen einen spürbaren Genussgewinn im Alltag mit sich bringt, sind Nudeln. Wird Hartweizengrieß nämlich wie bei industriell produzierter Pasta durch teflonbeschichtete Schablonen gepresst und schnell getrocknet, geliert ein Teil der Stärke. Die gekochten Nudeln missfallen dann durch eine gummiartige Konsistenz. Handwerklich hergestellte Pasta hingegen durchläuft unter hohem Druck Bronzedüsen und reift durch Niedertemperaturtrocknung. Dieses Verfahren führt zu dichteren Nudeln mit einer porigen, grobkörnigen Oberfläche, die eine Sauce viel besser aufnimmt.

Der Genuss wächst mit dem Wissen. Wer mit einem Winzer durch dessen Weinberge gegangen ist, schmeckt Weine anders als ohne diesen Hintergrund. Wer mit einer kundigen Händlerin auf dem Wochenmarkt über Tomatensorten gesprochen hat, wird das Gemüse anders genießen als eingeschweißte Supermarktware. Und wer die einschlägigen Standardwerke liest, zum Beispiel das Kakaokompendium des Konditormeisters Georg Bernardini, der für sein Buch 4000 Schokoladenprodukte von 550 Marken aus 70 Ländern verkostete, gewinnt rasch ein besseres Verständnis der Qualitätskriterien einzelner Lebensmittel.

Einen guten Leitfaden für die Bewertung eines Restaurantbesuchs bietet der Kriterienkatalog, den die *Frankfurter Allgemeine Sonntagszeitung* eine Zeit lang nutzte. Das Gesamturteil setzt sich aus den Komponenten Essen, Wein und Erlebnis zusammen. Beim Essen kommt es auf Produktqualität, handwerkliche Qualität, Komposition und Struktur sowie auf die Kreativität an. Beim Wein unterscheidet die Matrix Angebot und Beratung. Das Erlebnis umfasst Zuverlässigkeit, Service und das Preis-Leistungs-Verhältnis. Natürlich lassen sich an ein solches Raster kritische Rückfragen stellen: Wie gewichtet man die einzelnen Aspekte? Ist das Schema nicht insgeheim auf die Spitzenküche ausgerichtet und müsste eigentlich je nach kulinarischer Situation, also etwa für ein Bistro oder ein Landgasthaus, abgewandelt werden? Und sollte die Kategorie Erlebnis nicht alle Aspekte umfassen, weil die Weinberatung und der Genuss der Speisen und Getränke ebenfalls zum Gesamterlebnis beitragen?

Trotz solcher Einwände gibt der Katalog meines Erachtens gute Anhaltspunkte, die weiter verfeinert werden können. Hier kommen Fortschritte in der Beschreibung kulinarischer Qualitäten ins Spiel, die in den letzten 20 Jahren vor allem von Jürgen Dollase erarbeitet wurden. Zentral ist dabei, bei der Beschreibung eines Geschmackserlebnisses nicht nur die Grundpalette der Aromen (süß, sauer, salzig, bitter und umami) zu benennen, sondern weitere Aspekte zu beachten. Hierzu zählen die Anordnung auf dem Teller, der zeitliche Verlauf von Intensitäten sowie das Zusammenwirken einzelner Elemente, der sogenannte Akkord. Besondere Aufmerksamkeit wird der Sensorik geschenkt, etwa wenn Temperatur- und Texturkontraste bei einem Stück Fisch mit kross gebratener Haut das Geschmackserlebnis ebenso prägen wie die Qualität des Primärproduktes. Letztlich ist kulinarische Qualität ein Effekt, der sich aus dem Zusammenspiel zahlreicher Elemente ergibt. So sieht es beispielsweise Jean-Philippe Aiguier vom Hofgut Ruppertsberg in der Pfalz. Während wir auf den Kräutergarten des ebenso ökologisch arbeitenden wie kulinarisch raffinierten Restaurants blicken, beantwortet er meine Frage nach seinem Qualitätsverständnis folgendermaßen: „Qualität ist ein umfassendes Konzept, bei dem es nicht nur um Material und Verarbeitung geht, sondern um ein stimmiges Gesamterlebnis. Biete ich etwas Sinnvolles an? Sitzt der Gast am ‚richtigen' Tisch? Stimmt die Raumtemperatur? Fühlt sich der Gast wohl, nicht nur während seines Besuches, sondern auch noch am nächsten Morgen? Bezahle und behandle ich meine Lieferanten und Mitarbeiter ordentlich?" Teilt man eine so umsichtige Qualitätsidee wie Aiguier sie formuliert, kommt eine Fülle von Faktoren zum Tragen: der Eigengeschmack der Zutaten, das Mundgefühl, das kontrastreiche Zusammenspiel der Akkorde, die Menüfolge und die Taktung der Gänge, das Pairing, also eine zu den Speisen passende Getränkebegleitung, die Gläser und das Geschirr, und schließlich auch die atmosphärische Qualität eines Abends, die sich aus Beleuchtung, Einrichtung, Möbeln, Platzierung und Service, ja sogar aus der Art des Bezahlvorgangs ergibt.

Zur Erkundung kulinarischer Qualität muss man nicht stets und ständig von der Spitzenküche ausgehen. Gewiss zeigt sie, was möglich ist, und insofern stellen Sternelokale eine besonders gute Qualitätsschule dar. Spitzengastronomie macht aus dem Allerbanalsten, nämlich der Unvermeidbarkeit, Hunger und Durst zu stillen, ein Fest der Verfeinerung, sie verleiht dem Leben mit intensiven, unvergesslichen Momenten einen Rhythmus und bringt auf genussvolle Weise Exzellenz ins Spiel. Wird sie zum Alltag, fehlt jedoch die Kontrasterfahrung, die das Außergewöhnliche erst in die Wahrnehmung rückt. Zudem verdeckt eine Fixierung auf das Optimum, dass es letztlich jedes Produkt, auch Bratwurst, Pommes Frites und sogar Cola in unterschiedlichen Qualitäten gibt – selbst wenn das jeweils Beste einer solchen Kategorie im Vergleich zum insgesamt Höherwertigen gewiss an geschmackliche Grenzen stößt.

Auch im Bereich des Essens und Trinkens hat die Vorstellung von Qualität eine ethische Erweiterung erfahren, besonders prominent in den Schriften von Carlo Petrini, dem Gründer der *Slow-Food*-Bewegung. Ein umfassendes gastronomisches Qualitätskonzept schließt soziale Aspekte wie die Behandlung der Angestellten eines Lokals ein. Zumeist geht es bei einem ethisch angereicherten Qualitätsverständnis im Bereich des Kulinarischen darum, regional und mit der Jahreszeit zu essen, um durch Transport und Lagerung verursachte ökologische Schäden zu verringern. Der Aspekt des Regionalen hat darüber hinaus noch eine zweite Dimension, die zur Bewertung einzelner Lebensmittel zurückführt. Es geht nämlich darum, inwiefern Speisen und Getränke von ihrer Herkunft ‚erzählen'. Ein gutes Beispiel dafür ist französischer Rohmilchkäse, ein Erzeugnis, bei dem sich sehr viele Umstände in der Produktqualität niederschlagen, darunter das Alter und die Rasse der milchgebenden Tiere, deren Fütterung, die Jahreszeit, das Wetter sowie die Fähigkeit und Erfahrung der Herstellerinnen und Affineure, unter deren Aufsicht die Käse heranreifen. Mit in Plastik abgepacktem Industriekäse hat ein solches Erzeugnis rein gar nichts zu tun. Vielmehr handelt es sich um sehr individuelle Produkte, bei denen nicht zuletzt Lagerung und Verzehrtemperatur stimmen müssen, damit etwa der einzigartige Charakter eines wunderbar erdig schmeckenden, aber nicht überreifen Saint-Nectaire zur Geltung kommt – eines Kuhmilchkäses, der nur in 72 Ortschaften der Auvergne hergestellt werden darf.

Beim Wein war es der Winzer Reinhard Löwenstein, der 2003 mit seinem bahnbrechenden oenologischen Manifest *Vom Öchsle zum Terroir* im deutschsprachigen Raum für den regionalen Charakter von Weinen sensibilisierte. Löwenstein warb für „durch faszinierende Mineralität verzaubernde Rieslinge, hinter adstringierender Unnahbarkeit verborgene Barolos und mit wilder Würze vibrierende Syrah-Weine“. An die Stelle eines industriegeprägten Einheitsgeschmacks plädierte er für Weine, „die in der Lage sind, von ihrer Herkunft zu erzählen, von Granit, von Basalt und Muschelkalk, von der Asche glühender Vulkane und von Schiefersedimenten uralter Meeresböden. Terroirweine lassen uns teilhaben an den Finessen verschiedener Rebsorten, am Geschmack von Regen und Trockenheit, von Hitze und Kälte und an der Arbeit und den Träumen der vielen Menschen, die sie auf ihrem Weg ins Glas begleitet haben.“ Damit ist klar, dass sich eine angemessene Weinsprache nicht nur um die Auflistung von Einzelaromen (ein Weißwein, der nach Wiesenkräutern und reifer Birne, ein Rotwein, der nach gespitztem Bleistift und Waldheidelbeere duftet) drehen kann, sondern darüber hinausgehende Eindrücke vermittelt: Wie sieht es mit dem Geschmacksverlauf und der Länge aus, wie mit dem Zusammenspiel von Frucht, Säure und Gerbstoffen am Gaumen? Wie strukturiert und wie facettenreich ist der Wein? Dominiert Holzgeschmack, sodass die Besonderheiten von Rebsorte und Region nicht zur Geltung kommen können? Oder ist das Holz gerade richtig eingebunden, um dem Wein noch mehr Tiefe zu verleihen? Bei einem Glas Grüner Veltliner spreche ich mit der Münchener Sommelière Paula Bosch über Qualität beim Wein. Sie betont das Zusammenwirken unterschiedlicher Elemente: „Eine gewisse Frische, Säure, Lebendigkeit und Sprungkraft zeichnet einen guten Wein aus – neben Komplexität und Fülle. Nicht nur der Trinkende muss sich dem Wein nähern, der Wein muss auch zum trinkenden Menschen kommen.“ Bei unserem Gespräch wird mir klar, dass es am Ende darum geht, welchen Gesamteindruck das Getränk vermittelt. Ist es süffig, elegant, verführerisch – oder sogar groß? Was macht es mit denen, die den Wein trinken, in welchen Gemütszustand versetzt es die Genießenden? Das Spektrum reicht von guter Laune bis zu ehrfürchtigem Staunen.

Wer gerade erst mit der Umstellung des eigenen Lebens auf Qualität beginnt, sollte sich gerade beim Essen und Trinken nicht von der Fülle der Aspekte einschüchtern lassen. Was zählt, ist der Genuss. Um ihm auf die Spur zu kommen, genügen ein paar sehr einfache Maximen: das Einfache in bester Qualität, das Außergewöhnliche neugierig und unbefangen, aber nicht an jedem Tag. So lassen sich die Wegweiser zu einer Kultur kulinarischer Qualität wohl am besten zusammenfassen. Sucht man nach weiteren Faustregeln, helfen die berühmten drei „Food Rules" von Michael Pollan weiter: „Essen Sie Lebensmittel, vorwiegend Pflanzen, und nicht zu viel." Wenn Sie sich jetzt fragen, was Pollan unter Lebensmitteln versteht, so lautet die simple Antwort: das, was schon seine Großmutter als solche erkannt hätte.

Sich kleiden

Wie bei der Ernährung hilft auch bei der Kleidung ein kurzer Abgleich mit den fünf Vorurteilen weiter, um sich dem Thema Qualität anzunähern. Garantiert ein bestimmtes Herkunftsland hochwertige Produkte? Macht es beispielsweise einen Unterschied, ob ein Pullover aus Italien oder China stammt? Tatsächlich existieren Regionen mit weit zurückreichenden Textiltraditionen, in denen besondere Maschinen und eine spezielle Expertise vorhanden sind. Das erhöht die Wahrscheinlichkeit guter Qualität, ist aber leider keine Garantie, wie das Beispiel der in Italien angesiedelten, chinesischen Firmen aus dem zweiten Kapitel zeigt. Umgekehrt können aus Ländern wie Portugal, der Türkei oder Peru, deren Textilproduktion eher Insidern bekannt ist, tadellose Sachen kommen. Andreas Murkudis, qualitätsorientierter Einzelhändler und Bruder des Modeschöpfers Kostas Murkudis, erzählt mir: „Es reicht nicht, alles aus Deutschland oder Italien automatisch als hochwertig anzusehen und Sachen aus China pauschal abzulehnen. Ich lerne da viel von meinem Bruder. Zum Beispiel gibt es in China spezielle Maschinen für sehr dünne Cashmere-Seide-Gemische, die man in Schottland nicht hat. Auch Daunenjacken aus Nylon werden in China oftmals auf hohem Niveau gefertigt."

Wenn der Herstellungsort keine Gewähr dafür bietet, der Qualität von Kleidung auf die Spur zu kommen, wie sieht es dann mit der Zeit aus? War das Produktionsniveau früher, vor dem Siegeszug der *Fast Fashion*, nicht insgesamt höher? Die Klage darüber ist alt. Bereits in Émile Zolas 1883 erschienenem Warenhausroman *Au Bonheur des Dames (Das Paradies der Damen)* wird der Schritt in den Marken- und Massenmarkt als qualitätsmindernd dargestellt. Der Beginn einer Abwärtsspirale? Gerade im Fall von Kleidung spricht einiges für diesen Gedanken. Denn in der Mode scheint eine doppelte Tendenz zur Qualitätsminderung geradezu unvermeidbar. Zum einen liegt das Augenmerk primär auf dem Look, dem Erscheinungsbild, was zur Vernachlässigung von Material und Verarbeitung verleiten kann. Zwingend ist das jedoch nicht, denn Designergarderobe kann auch durch außergewöhnliche Stoffe oder durch besonders raffinierte Verarbeitung beeindrucken. Immerhin ist die aufwendigste aller Kleidung, die Pariser *Haute Couture*, reines Handwerk, das zum Überleben beinahe ausgestorbener Berufe wie der Herstellung von Spitze oder der Stickerei und Federverarbeitung beiträgt. Die zweite qualitätsgefährdende Tendenz der Mode liegt in ihrer Zeitlichkeit:

Jede Mode wird bald durch die nächste abgelöst. Warum also auf Haltbarkeit in der Herstellung setzen, wenn der Hype von heute der Ladenhüter von morgen ist? Je mehr sich die Zyklen der Mode beschleunigen, je kurzfristiger eine Novität auf die nächste folgt, desto weniger Zeit bleibt für sorgfältiges Arbeiten, und desto stärker verfestigt sich das Wegwerfen als kulturelle Selbstverständlichkeit. Auf der anderen Seite hat das Unbehagen am *Cheap-and-chic*-Prinzip zu neuen Nischen geführt, in denen besonders fokussiert an gut gemachter, beständiger Basisgarderobe gearbeitet wird. Die dabei erreichten Qualitätsniveaus können denen früherer Zeiten durchaus überlegen sein, weil neue Technologien zum Einsatz kommen und die gesamte Wertschöpfungskette von vornherein auf Qualität angelegt ist. Erst in jüngerer Zeit gegründete Marken wie *De Bonne Facture* oder *Handvaerk* tragen ein solches Programm bereits im Namen.

Dass soziale Distinktion und Stilpräferenzen keinen geeigneten Qualitätskompass bei Bekleidung darstellen, versteht sich von selbst. Ob man Minimalismus langweilig findet oder grelle Garderobe geschmacklos, die Silhouetten von Yohji Yamamoto denjenigen eines Helmut Lang vorzieht oder doch lieber Vintagestücke von Alber Elbaz trägt, sagt nichts über die Qualität einzelner Kleidungsstücke aus. Gerade im Bereich der Bekleidung zeigt sich, wie liberal der Qualitätsgedanke in seinem Kern ist: Jeder noch so eigensinnige Stil kann exquisit ausgeführt werden.

Und wie sieht es mit der Ausrichtung aufs Allerbeste aus? Wären nicht Maßschuhe aus Shell-Cordovan-Leder und beim Schneider gefertigte Anzüge aus feinstem Tuch die Benchmark guter Garderobe? Zunächst einmal kommt solchen Produkten dieselbe Funktion zu wie der Spitzengastronomie bei der Ernährung: zu zeigen, was möglich ist. Da Kleidungsstücke sehr lange halten können und sich die

Kosten dadurch über die Jahre gerechnet relativieren, spricht mehr als beim Essen dafür, tatsächlich zum Besten zu greifen. Wer sein Weinbudget mit dem Genuss eines teuren Bordeaux bereits am Monatsbeginn aufbraucht, muss den Rest der Zeit schlechten Wein trinken oder abstinent bleiben. Wer hingegen einmal in gute Schuhe investiert hat, hat sehr lange etwas davon. Gleichwohl trifft auch beim Thema Kleidung zu, dass das, was gemeinhin als das Beste gilt, nicht in jeder Situation das Beste ist. Bei einem Waldspaziergang braucht man eben andere Kleidung als beim Flanieren in der Stadt oder auf Reisen. So ist Qualität auch bei Kleidung letztlich ein Verhältnisbegriff. Zudem sollte ein auf Spitzenprodukte setzendes Qualitätsverständnis gerade im Bereich der Kleidung mit dem Wunsch nach Abwechslung rechnen. Denn so sehr die Mode dem Qualitätsgedanken entgegenwirken mag, so sehr sind Vielfalt, Wandel und die Lust am Schönen Teil eines guten Lebens.

Woran also kann man die Qualität eines Kleidungsstücks erkennen? Neben dem Stoff, dem Schnitt und der Verarbeitung spielen stärker als bei der Ernährung Funktion und Form eine zentrale Rolle. Kleidung soll den Körper schützen, vor Witterung ebenso wie vor unerwünschten Blicken, doch zu ihren Aufgaben zählt auch der Ausdruck von Stimmungen und Zugehörigkeiten. Wie wohl kein anderer Alltagsbereich ist die Kleidung eingespannt zwischen Pragmatik und Traum. Zum einen soll sie sich durch guten Sitz und Tragbarkeit auszeichnen, zum anderen weckt sie Begehrlichkeiten, indem sie uns eine attraktivere Version der eigenen Persönlichkeit verspricht und uns ein wenig über uns selbst hinaus lockt. Hinzu kommt, wie mir der japanische Modeschöpfer Yoshiharu Ito in seinem Berliner Atelier erzählt, immer auch die Frage nach der Wirkung auf die Trägerin: „Welches Körpergefühl soll beim Tragen entstehen?“

Gerade bei Kleidungsstücken zeigt sich Qualität in der Raffinesse ihrer Details. Das Material eines Innenfutters oder die Anzahl der Nadelstiche pro Zentimeter sind Merkmale, die man selten in Augenschein nimmt, aber beim Tragen spürt. Bereits etwas so Elementares wie Faden oder Reißverschluss verraten viel über die Qualität eines Produktes. Die Fäden einer Handtasche oder eines Schuhs brechen nicht so schnell, wenn sie mit Bienenwachs weich und wasserfest gemacht wurden; Metallreißverschlüsse halten länger. Zudem kann ein wohldurchdachtes Design, etwa eine Innentasche an gut erreichbarer Stelle, sowohl zum praktischen Gebrauch beitragen als auch eine besondere Freude an der Raffinesse des Entwurfes auslösen.

Zu einem erweiterten Qualitätsverständnis bei Kleidung zählt die Frage nach dem ökologischen Fußabdruck sowie nach den Herstellungsbedingungen. Aus ökologischer Sicht kommt erneut die Form ins Spiel, da die ästhetische Dauerhaftigkeit eines Kleidungsstücks und seine Kombinierbarkeit mit anderen Teilen zu einem längerfristigen Gebrauch und somit zur Nachhaltigkeit beitragen können. Aus ethischer Perspektive geht es nicht nur um das, was in einem Kleidungsstück drinsteckt, sondern ebenso um das, was darin nichts zu suchen hat, zum Beispiel Gifte oder Kinderarbeit. Übrigens handelt es sich bei Kleidung um das wohl älteste Beispiel für moralischen Konsum. Bereits 1826 existierte in Baltimore ein Geschäft für Baumwollkleidung, die ausdrücklich nicht aus der in den Südstaaten damals so üblichen Sklavenarbeit stammte.

Einrichten

Gebäude wirken auf diejenigen, die sich ihnen nähern und in ihnen aufhalten. Sie verändern das Befinden derer, die sie betrachten, betreten und sich darin bewegen. Aber wie lässt sich architektonische Qualität genauer bestimmen?

Beginnen wir unsere Erkundung einmal mehr mit einem Blick auf die fünf Vorurteile. Was die pauschale Bevorzugung bestimmter Nationalarchitekturen betrifft, falls man von solchen in Anbetracht der baulichen Vielfalt eines Landes überhaupt reden kann, so ist es sinnvoll, sich klarzumachen, dass der Wert einer Bauweise stark von Umgebungsfaktoren wie etwa dem Klima oder geologischen Vorgaben abhängt. Architektur verlangt, „daß man etwas aus dem Raum heraus sich einfallen lasse; nicht etwas Beliebiges *im* Raum", wie Theodor W. Adorno in seinem 1965 gehaltenen Vortrag „Funktionalismus heute" treffend bemerkte. Ein kluger Umgang mit regionalen Ressourcen und die Einpassung einer Architektur in ihre landschaftliche Umgebung geben daher einleuchtendere Qualitätskriterien ab als die Verabsolutierung eines ortsspezifischen Stils.

Dass ‚früher' solider gebaut wurde, ist ein Eindruck, der sich bei der Betrachtung bestimmter Gebäude immer wieder aufdrängt. Kathedralen und Klöster beeindrucken noch viele Jahrhunderte nach ihrer Entstehung, gründerzeitliche Wohnhäuser überdauern mühelos Nachkriegsneubauten. Allerdings bestand der Preis für diese in vielerlei Hinsicht herausragenden Architekturen in der Vernachlässigung der Bauqualität für die breite Bevölkerung. Mietskasernen sind die Kehrseite bürgerlicher Altbauwohnungen, Elend der Hintergrund eines Mittelalters, das seine Ressourcen in die Sakralarchitektur steckte. An der beeindruckenden Qualität bestimmter Gebäude ändert das freilich nichts. Doch selbst wenn man die Solidität und sorgsame Ausführung beispielhafter Bauten der Vergangenheit bewundert, bedeutet dies nicht, dass es seither keine Verbesserungen mehr gab, wie etwa die miserable Energiebilanz vieler ansonsten zu Recht bewunderter Gebäude der klassischen Moderne zeigt. Das 1911 von Walter Gropius entworfene Fagus-Werk in Alfeld an der Leine ist dafür ein gutes Beispiel. Der kubische Bau mit seiner markanten Glasfassade zählt zu den Ikonen der modernen Architektur und brachte dem damals 28-Jährigen, späteren Bauhaus-Gründer Gropius den baukünstlerischen Durchbruch. Um die Arbeitsbedingungen der Fabrikarbeiter möglichst angenehm zu gestalten, wählte Gropius eine transparente Fassade, durch die viel natürliches Licht in die Produktionsräume fällt. Doch die zu ihrer Entstehungszeit revolutionäre Bauweise sorgte auch für Innentemperaturen von bis zu minus 10 Grad im Winter und plus 30 Grad im Sommer – ein Problem, das erst durch den Einbau neuartiger Fensterscheiben abgemildert werden konnte, die zum Zeitpunkt der Entstehung des Gebäudes noch gar nicht erfunden waren.

Dass soziale Distinktion und stilistische Vorlieben keinen Wegweiser zu guter Qualität darstellen, gilt auch im Bereich des Bauens. Zwar können einzelne Baustile bestimmten Qualitätskriterien mehr oder weniger entsprechen, doch existieren für jede Richtung gelungene oder weniger gut geratene Beispiele, sodass am Ende doch wieder das einzelne Objekt in den Blick genommen werden muss. Die Unterscheidung zwischen Qualitäts- und Geschmacksurteil hat beim Thema Architektur noch eine spezielle Facette. Der individuelle Ausdruckswille eines Architekten kann nämlich in Spannung zur architektonischen Qualität stehen. Dies ist immer dann der Fall, wenn ein markanter Stil, eine formale Signatur auf Kosten elementarer baulicher Qualitätskriterien verwirklicht wird. Das Auffällige, Solitäre, für einen Stararchitekten Markentypische ist dann wichtiger als beispielsweise die Behaglichkeit eines Gebäudes für seine Bewohner. In diesem Sinne kann eine subjektive Stilpräferenz nicht nur neutral gegenüber der architektonischen Qualität sein, sondern ihr sogar entgegenstehen. Deshalb bemerkt der Schweizer Architekt Peter Zumthor in seinem Buch *Architektur denken*, dass diese „weder Botschaft noch Zeichen“ sei, „sondern Hülle und Hintergrund des vorbeiziehenden Lebens, ein sensibles Gefäss für den Rhythmus der Schritte auf dem Boden, für die Konzentration der Arbeit, für die Stille des Schlafs“.

Bleibt schließlich die Auffassung, Qualität ziele stets auf das Beste vom Besten. Da beim Bauen mehr noch als bei der Wahl der eigenen Kleidung Entscheidungen getroffen werden, deren Auswirkungen von langer Dauer sind und häufig auch eine Menge Menschen betreffen, die bei den Planungen nicht hinzugezogen wurden, spielen die Solidität von Material und Verarbeitung, die Flexibilität der Nutzung und die ästhetische Haltbarkeit der Form eine überdurchschnittlich wichtige Rolle. Was beim Bauen nicht gründlich durchdacht und ohne Blick auf Veränder- und Reparierbarkeit umgesetzt wurde, kann enorme Folgekosten verursachen. Das seit einiger Zeit populäre „Baumängel-Quartett“ eines Berliner Architekten bietet Betroffenen nur einen geringen Trost, macht aber deutlich, dass das Plädoyer für Spitzenqualität in keiner Domäne so plausibel ist wie in der Architektur. Freilich bleibt Qualität selbst hier ein Verhältnisbegriff. Prestigereiche Materialien wie etwa Marmor sind nicht per se besser; sogenannte einfache Lösungen wie ein Linoleumbelag oder eine nackte Glühbirne können sich in bestimmten Situationen durchaus als überlegen erweisen. Das gilt auch für die Einrichtungsgegenstände: ein Lederfauteuil ist keineswegs eine bessere Wahl als ein

Holzhocker, zumal dann nicht, wenn es sich bei Ersterem um die schlecht gemachte Kopie eines ‚Klassikers' handelt und bei Letzterem beispielsweise um den 1933 von Alvar Aalto entworfenen Hocker 60 mit seiner runden Sitzfläche und den elegant gebogenen Beinen.

Über die Qualität von Architektur, Inneneinrichtung und Hausrat bestehen seit Jahrhunderten Kontroversen. Will man allgemeine Kriterien architektonischer Qualität aufstellen, geht man am besten davon aus, was Architektur in ihrem Kern ausmacht. Der Systemtheoretiker Dirk Baecker hat dazu einen einleuchtenden Vorschlag unterbreitet. Er definiert Architektur als ein bestimmtes Verhältnis von Innen und Außen: „Das Außen darf nicht nur ausgeschlossen werden, es muß zugänglich bleiben. Und das Innen darf nicht nur Schutz geben, es muß auch verlassen werden können." Architektinnen gestalten Übergänge zwischen Innen und Außen. Abhängig vom Stil tritt dieses Grundmerkmal deutlicher hervor oder wird durch Verzierungen eher versteckt: „Je ornamentaler das Detail, desto mehr behauptet es sich selbst an Stelle des Problems des Übergangs. Und je schlichter das Detail, desto sichtbarer bleibt das Problem des Übergangs noch im Moment seiner Lösung." Von diesen Überlegungen ist es nur ein kleiner Schritt zu den klassischen Kriterien der Solidität, Funktionalität und Schönheit, die im 1. Jahrhundert vor Christus vom römischen Architekten Vitruv zum ersten Mal formuliert und seither in der Architekturtheorie immer wieder aufgriffen wurden, in der Gegenwart beispielsweise durch die Theoretiker Dorothea und Georg Franck oder den Historiker Vittorio Magnago Lampugnani. Gehen wir sie einmal durch.

Um das Innen vor dem Außen zu schützen, bedarf es einer gewissen Festigkeit des Bauens, die Vitruv als *firmitas* bezeichnet. Ein gutes Gebäude sollte sich durch ein austariertes Verhältnis von schützender Schließung und einladender Öffnung auszeichnen. Es rechnet mit der Zerbrechlichkeit der Menschen und schirmt sie ab vor Wetter, Geräuschen, Blicken und Zugriffen. Paradoxerweise verbindet es aber auch mit dem nicht nur bedrohlichen, sondern ebenso lebensnotwendigen Außen, indem es Luft und Tageslicht hineinlässt, Lust macht, durchs geöffnete Fenster mit einer Nachbarin zu reden, die Tür zu öffnen, um Gäste willkommen zu heißen oder das Haus für einen Spaziergang zu verlassen. Zur *firmitas* zählt zudem die Dauerhaftigkeit eines Gebäudes, die im Zuge des um ökologische Aspekte erweiterten Qualitätsverständnisses an Bedeutung gewonnen hat.

Die zweite Anforderung besteht in der *utilitas*, also der Zweckmäßigkeit im Sinne einer durchdachten Benutzbarkeit. Genügend Platz, Helligkeit und Ruhe tragen ebenso zur Funktionalität bei wie die Möglichkeit, einen Raum flexibel den jeweiligen Bedürfnissen anpassen zu können. Der Schriftsteller Martin Mosebach behauptet sogar, „dass sich der architektonische Wert eines Gebäudes erst erweist, wenn es in vollkommen gewandelten ästhetischen und politischen Verhältnissen nicht nur standhält, sondern ihnen sogar noch entgegenkommt“. Was ich weiter oben über Funktionalität sagte, dass nämlich eine allzu einseitige Funktionsausrichtung in die Unbrauchbarkeit umschlägt, zeigt sich gerade am Beispiel der Architektur. In diesem Sinn argumentiert der Philosoph Konrad Ott, dass Gebäude, die ihre Zwecke zu eng definieren (etwa Gefängnisse, deren brutalistischer Baustil eine weitere Verrohung ihrer Insassen begünstigt und damit den Inhaftierten die Chance zur Veränderung buchstäblich verbaut), „nicht einmal mehr funktional“ seien – und deshalb von schlechter Qualität. Am Kriterium der *utilitas* wird zudem deutlich, wie wichtig es ist, sich die Zweckdienlichkeit *vor* dem Bau reiflich zu überlegen. Denn was nachträglich hinzugefügt oder umgebaut wird, empfinden Bewohner oft als eine ‚Verschlimmbesserung‘, die den Mangel weniger behebt als besonders augenfällig macht.

Vitruvs drittes Kriterium ist die Schönheit (*venustas*). Sie wird beispielsweise mit den Proportionen eines Gebäudes oder der Stimmigkeit seiner Form in Verbindung gebracht. Vielfach werden natürliche Baumaterialien wie Stein oder Holz als schön empfunden, weil diese einem Gebäude Wärme und Lebendigkeit verleihen. Zudem können Naturmaterialien durch Patina an Attraktivität gewinnen, anstatt mit zunehmender Alterung immer schäbiger auszusehen. Das Wechselspiel von Materie und Licht belebt ein Gebäude und versetzt es in besondere Stimmungen. So trägt beispielsweise das subtile Spiel mit Schatten, indirektem Licht und durchscheinenden Elementen zur besonderen Qualität der japanischen Architektur bei. Aber auch die Sorgfalt, mit der eine architektonische Idee durchgeführt wurde, oder die Sensibilität, mit der sich ein Gebäude in seine geografische und geschichtliche Umgebung einfügt, kann als schön empfunden werden. Berühmte Beispiele dafür sind etwa das von Frank Lloyd Wright über einem Wasserfall errichtete Wohnhaus *Fallingwater* oder die von Peter Zumthor gebaute Felsentherme im schweizerischen Vals.

Zu einem ökologisch erweiterten Verständnis architektonischer Qualität zählen technische Aspekte wie Materialersparnis und Energieeffizienz beim Errichten ebenso wie unkomplizierte Sanierbarkeit und eine Formgebung, die künftigen Generationen nicht bestimmte Lebensweisen vorschreibt, sondern Innen und Außen so arrangiert, dass es noch nicht absehbare Nutzungen zulässt. Erstaunlicherweise erweist sich manches Produkt der im Rückblick als ökologisch unsensibel geltenden, klassischen Moderne als überraschend nachhaltig. Zum Beispiel der Ulmer Hocker, ein 1954 von Max Bill, Hans Gugelot und Paul Hildinger an der Ulmer Hochschule für Gestaltung entworfenes Sitzmöbel. Die ökonomischen Zwänge der Nachkriegszeit veranlassten Bill und seine Kollegen, den Hocker aus preisgünstigem Fichtenholz zu fertigen. Zusammengehalten nur durch Fingerzinken und einen zugleich als Griff geeigneten Holzstab, ist er nicht nur ein Musterbeispiel für die Nutzung nachwachsender, regionaler Rohstoffe, sondern auch für die Flexibilität modularer Gestaltung. Denn die Form des Hockers ermöglicht zwei unterschiedliche Sitzhöhen ebenso wie den Gebrauch als Beistelltisch, Pult oder Transportbehälter. Auf diese Weise lässt sich die Nutzung immer wieder an veränderte Wohn- und Lebenssituationen anpassen. In den Gegenstand ist durch sein Material ebenso wie durch seine Vielseitigkeit ökologische Verantwortung gleichsam eingebaut.

Das Beispiel des Ulmer Hockers leitet über zu einer Reihe besonders alltagsnaher Teilbereiche architektonischer Qualität, nämlich Innenarchitektur und Inneneinrichtung. Einmal mehr geht es nicht um Geschmacksfragen. Ob man Möbel von Eileen Gray, Charlotte Perriand, Ludwig Mies van der Rohe oder Ferdinand Kramer vorzieht, ist eine Sache individueller Stilvorlieben; qualitätvoll gemacht sind sie alle. Auch spielt für die Beurteilung von Designobjekten keine Rolle, dass die Nutzer diese als Statussymbole einsetzen. Nicht nur geschieht dies vielfach gegen die ursprüngliche Absicht der Entwerferinnen (etwa wenn für den sozialen Wohnungsbau entworfene Bauhausmöbel zu teuren Designikonen wurden), es ändert auch nichts an der gestalterischen Qualität dieser Dinge. Interessant ist gleichwohl, dass eine Reihe von Möbeln, man denke etwa an den filigranen Schreibtisch von Egon Eiermann, die unverwüstlichen Regale von Dieter Rams für Vitsoe oder den ikonischen Y-Chair von Hans J. Wegner, als ‚Klassiker' gelten. Das dafür angeführte Argument der ‚zeitlosen Eleganz' verfängt kaum, denn der Zeitgeschmack ändert sich nun einmal. Dennoch verdienen die sogenannten Klassiker häufig deshalb besondere Aufmerksamkeit, weil sie vorbildliche Lösungen gestalterischer Probleme bieten. Solange vergleichbare Produkte nicht wenigstens gleich gut abschneiden, spricht einiges für die Wahl eines

‚Klassikers'. Dabei fällt auf, dass Plagiate zumeist zwar die äußere Form kopieren, die zur Überlegenheit einer bestimmten Designlösung führenden Details aber nicht.

Auch die Art und Weise des Gebrauchs von Gegenständen kann der Wohnqualität zu- oder abträglich sein. Eine Wohnung, die ausschließlich mit den ‚richtigen' Möbeln ausgestattet wurde, wirkt oftmals steril, wie eine Ausstellung, in der man sich nicht unbefangen bewegen mag. Umgekehrt kann eine lässige Nutzung von Dingen zur Wohnqualität beitragen. Es spielt also die Art und Weise des Umgangs mit den Dingen ebenso eine Rolle wie deren räumliches Arrangement. Eine gute Raumausstatterin wird sich deshalb durch einen Sinn für Alltagsvollzüge auszeichnen. Hat ein Türgriff oder ein Lichtschalter eine gut erreichbare Höhe? Können Lebensmittel vor Sonnenlicht geschützt gelagert werden? Wenn einfachste Alltagsvollzüge mehr Energie als nötig verlangen, weil sich die Dinge nicht da befinden, wo sie sinnvollerweise hingehören, tragen Aufräumen und überlegtes Einsortieren zur Lebensqualität bei. Darin besteht der Sinn des vielfach zu Unrecht auf eine Stilaussage verkürzten Minimalismus: Herumliegendes Zeug verdeckt die einer Wohnung zukommende architektonische Qualität unter Umständen so sehr, dass diese erst durch eine Verringerung der Einrichtungsgegenstände wieder hervortreten kann.

DER QUALITÄTSEFFEKT

Wenn Dinge der Wohnqualität ebenso zu- wie abträglich sein können, nach welchen Kriterien sollte man sie dann auswählen? Mein Vorschlag lautet, nicht nur die bereits genannten Aspekte wie Material, Verarbeitung, Funktion und Form zu bedenken, sondern Qualität auch an der Wirkung zu bemessen, die Gegenstände auf ihre Benutzer haben. Welchen Effekt erzielt ein Ding im Alltag? Welchen Unterschied macht es in einem Leben? Aus dieser Perspektive lässt sich Designqualität in drei Stufen einteilen: ob ein Ding ein Ärgernis ist, unauffällig seinen Dienst tut oder sogar zum Auslöser von Freude, Staunen oder magischen Momenten wird.

Ein Ärgernis ist ein Objekt, sobald es das Leben stört. Wenn Gegenstände, wie der Philosoph Martin Heidegger es ausgedrückt hat, bloß vor- und nicht auch zuhanden sind, wenn sie also die ihnen zugeordnete Aufgabe nicht erfüllen, können sie den Alltag beeinträchtigen. Man bemerkt oft erst im Störfall, an der Tücke des Objekts, wenn man mit undurchdachten oder fehlerhaften Gebrauchsgegenständen zu hantieren gezwungen ist, wie viel einem Qualität bedeutet. Türklinken, Fenstergriffe und Lichtschalter zählen zu jenen Dingen, die man nicht nur tagtäglich benutzt, sondern die ihre Verwender geradezu erziehen, indem sie ihnen bestimmte Bewegungen aufzwingen. Kommen solche Gegenstände ihren Benutzerinnen nicht gleichsam entgegen, werden sie zum Ärgernis.

Den Normalfall, der jedoch keineswegs selbstverständlich ist, hat der Apple-Gründer Steve Jobs einmal mit nur drei Wörtern zusammengefasst: „it just works“. Gemeint ist damit eine gewisse Unauffälligkeit der Dinge, ein verlässliches und geschmeidiges Funktionieren. Sind die Dinge verständlich für ihre Verwender, selbst dann, wenn sie einer bis vor Kurzem noch gar nicht bekannten Produktkategorie angehören? Verhält sich ein künstliches Ding gleichsam so, als wäre es natürlich? „Good design is actually a lot harder to notice than poor design, in part because good designs fit our needs so well that the design is invisible, serving us without drawing attention to itself", schreibt der Designtheoretiker Don Norman. „Bad design, on the other hand, screams out its inadequacies, making itself very noticeable." Gut gemachte Gegenstände legen den ihnen gemäßen Gebrauch also aus sich heraus nahe. Je gelungener ein Entwurf, desto weniger Überwindung kostet es die Anwenderinnen, das Gerät zu gebrauchen. In der Designforschung spricht man von der Affordanz und meint damit das in einen Gegenstand hineingelegte Handlungsangebot, die Aktivität, zu der ein Artefakt seine Nutzerin auffordert. Dieser Aufforderungscharakter kann über das bloße Funktionieren hinausweisen und die Frage aufwerfen, was ein materielles Objekt mit seinen Verwendern macht: Welche Seiten der menschlichen Natur stimuliert es? Welche nicht?

Das Erlebnis reibungsloser Verwendung hängt natürlich auch von den Erwartungen der Nutzer ab. Was hat man mit einem Ding vor? Welches Problem soll es lösen? Will man beispielsweise auf einem Sofa eher aufrecht sitzen oder liegend darin versinken? Ein Autor des Magazins *The Economist* beschäftigte sich in der Rubrik *The Sceptical Shopper* einmal mit der Frage nach Qualitätskriterien für Sofas und prägte dabei das wunderbare Wort „sittability". Wenn es „Sitzbarkeit" ist, was eine Sofasuchende will, hängt die Qualität an anderen Merkmalen, als wenn es etwa darum geht, ob der Stoff die Krallen einer Katze aushält. Wie sehr die Divergenz von Erwartungen zu kontroversen Qualitätseinschätzungen führen kann, zeigt sich besonders am Beispiel der klassischen Moderne. So entstanden zwischen 1925 und 1932 in Frankfurt am Main neue Siedlungen mit über 12 000 Wohnungen und Reihenhäusern. Im Rahmen dieses als „Neues Frankfurt“ bekannt gewordenen Projektes konzipierte die Wiener Architektin Margarete Schütte-Lihotzky 1926 ihre sogenannte Frankfurter Küche, die als „Mutter der modernen Einbauküche“ gilt. Über 10 000 Exemplare wurden davon gefertigt. Keine ihrer rund 30 Varianten ist größer als sechs bis sieben Quadratmeter, denn die Reformwohnungen sollten preiswert sein. Schütte-Lihotzkys revolutionäre Küche war bis ins letzte Detail durchdacht, um unkomplizierte Arbeitsabläufe zu ermöglichen. So ließen sich beispielsweise die Arbeitsflächen durch Ausziehbretter nach Bedarf verbreitern oder verkleinern. Beim Geschirrspülen musste die Hand nicht gewechselt werden, um einen klargespülten Teller auf dem Trockenblech abzulegen. Töpfe wurden zwecks leichterer Erreichbarkeit mit dem Griff nach vorne gelagert. Ausschnitte in den Türen der Geschirrschränke ließen Luft durch die Bretter und ermöglichten so das Nachtrocknen der darin aufbewahrten Gegenstände. Hinter den gestalterischen Lösungen steckte eine emanzipatorische Idee: Durch die Übertragung des industriellen Effizienzgedankens auf den Wohnbereich sollten Hausfrauen es an ihrem Arbeitsplatz leichter haben, um letztlich weniger Zeit in der Küche verbringen zu müssen. Was viele bis heute als fortschrittliche Designlösung betrachten und noch die aktuelle, vor allem ökologisch motivierte Tinyhouse-Bewegung inspiriert, gilt anderen als übermäßig disziplinierend. Was, wenn man die vorgesehenen Abläufe als kontraintuitiv empfindet? Dann treten die Annahmen, die der Entwurf über menschliche Bewegungen macht, in den Vordergrund, und die Küche wird als Ärgernis empfunden. Gerade in modernistischen Gebäuden fällt es auf, wenn Bewohner beginnen, architektonische Vorgaben ihren eigenen Vorstellungen anzupassen, strenge Kuben ‚gemütlicher‘ einzurichten oder sogar baulich abzuwandeln.

Das Beispiel zeigt, wie delikat es für Designerinnen ist, den Qualitätseffekt reibungsloser Wirksamkeit zu erzeugen. Freilich lässt sich die Perspektive auch umkehren. Wer Schütte-Lihotzkys Küchenmodule mit dem Durchschnittsangebot eines heutigen Möbelhauses vergleicht, kann sich kaum des Eindrucks erwehren, dass viele aktuelle Angebote weit unter dem Niveau des fast 100 Jahre älteren Entwurfes liegen. Unwillkürlich löst ihr überlegtes, sorgfältig durchgeführtes und detailgenaues Design Freude aus. Wo es Gegenständen gelingt, eine solche Wirkung zu erzielen, kann von einer dritten Stufe der Qualität gesprochen werden. Wir empfinden etwas dann nicht nur als so, wie es sein soll, sondern sogar als einen Dreh besser, als wir es uns bislang vorgestellt haben. Ein gutes Beispiel für den Übergang von der Unmerklichkeit zur Bezauberung ist die bereits weiter oben vorgestellte Gestaltungsphilosophie des *Super Normal*. Normal ist, was seinen Dienst tut. Super Normal ist, was darüber hinaus Freude auslöst, weil die winzige Weiterentwicklung einer bewährten Typologie einen erstaunlichen Unterschied macht. Jasper Morrison spricht im Katalogbuch *Super Normal. Sensations of the Ordinary* von einem Teller, der „even more plate-like than you could imagine a plate to be" ausfällt. Wo Nutzerinnen solche Unterschiede gewahren, weisen Dinge über ihre Funktion hinaus und rufen ein besonderes Wohlgefühl hervor. „Architektonische Qualität", schreibt Peter Zumthor in seinem Buch *Atmosphären* ganz in diesem Sinne, „das kann sich bei mir nur darum handeln, daß ich von einem Bauwerk berührt bin."

Gegenstände, die das ‚gewisse Etwas' haben, machen aus profanen Alltagsverrichtungen einen besonderen Augenblick. Sie lösen etwas aus. Wenn etwa ein Kleidungsstück seine Trägerin nicht nur gut aussehen lässt, sondern ihr ein Gefühl der Stärke verleiht, haben wir es mit einem Qualitätseffekt dritter Stufe zu tun. Oder wenn ein Wildkräutersalat nicht einfach nur sättigt oder ‚gut schmeckt', sondern die Genießenden den Verzehr als einen köstlichen ‚Aha-Moment' erleben, der zum Nachsinnen über das Zusammenwirken von Natur und Mensch Anlass gibt, dann ist die dritte Qualitätsstufe erreicht.

Im Bereich des digitalen Designs hat sich der Ausdruck „surprise and delight" – Überraschung und Freude – für solche besonderen Qualitätserlebnisse etabliert, zum Beispiel wenn eine Anwendung nicht nur reibungslos läuft, sondern überdies mit charmanten Mikroanimationen erfreut. Bei Hardware wurde das Beispiel des „sleep indicators" eines Apple-MacBooks legendär. Dabei handelt es sich um einen periodisch aufleuchtenden, millimeterdünnen Schlitz, der den Ruhezustand des Rechners anzeigt. Der *New York Times* zufolge sorgte Steve Jobs persönlich dafür, dass dieser Indikator nicht einfach nur periodisch leuchtet, sondern vielmehr exakt zwölf Mal pro Minute aufscheint – im durchschnittlichen Atemrhythmus eines Menschen.

Der Ausdruck „surprise and delight" macht freilich auch auf ein Problem aufmerksam. Denn jedes noch so gelungene Detail wird früher oder später zum Opfer von Gewöhnungseffekten. Was einmal überraschte und begeisterte, sinkt zur künftigen Normalität herab. Magie wird zur Minimalanforderung. Das mag zwar den Qualitätswettbewerb antreiben, kann aber auch das Qualitätsempfinden unterlaufen. Denn nun kommt ins Spiel, was wir über das Beste vom Besten sagten: Erst im Kontrast zum Normalen tritt das Überragende hervor. Wird die Steigerung zur Norm, kann der Genuss des Guten in den Strudel eines Perfektionismus geraten, der die Lebensqualität insgesamt eher mindert als erhöht. Ein Dilemma, mit dem wir uns in Kapitel 7 ausführlicher auseinandersetzen werden.

„What the hell is Quality?", hatte Pirsigs Protagonist sich gefragt. Die Antwort dieses Kapitels lautet: Geht es um die Dinge des Alltags und das gute Leben, kommt man Qualität am besten auf die Spur, indem man sich nicht so sehr darum kümmert, wann oder wo ein Objekt entstanden ist, welchen sozialen Status es seinem Besitzer zuweist, wie exklusiv es ist oder ob es bestimmten stilistischen Vorstellungen entspricht. Qualität zeigt sich vielmehr am einzelnen Produkt und innerhalb konkreter Lebensumstände. Um sich über Qualität verständigen zu können, muss man über Qualitäten sprechen. Dazu ist der bewusste Einsatz aller Sinne gefragt. Hilfreiche Anhaltspunkte bilden Material, Verarbeitung, Funktion und Form. Eine Rolle spielen aber auch das Arrangement verschiedener Elemente und der jeweilige Umgang mit den Dingen sowie die an es gerichteten Erwartungen. Je nach Gegenstand sind einzelne Kriterien von mehr oder minder großer Wichtigkeit und werden in unterschiedlicher Ausprägung verwirklicht. Bei Alltagsdingen können zudem drei Stufen ihrer Wirkung unterschieden werden: Ist ein Gegenstand ein Ärgernis, tut er unauffällig seinen Dienst, oder löst er sogar einen besonderen Moment aus? Die Wirkung stellt deshalb neben Material, Verarbeitung, Funktion und Form den fünften Anhaltspunkt für Qualität im Alltagsleben dar. Schließlich lässt sich die Vorstellung von Qualität ethisch erweitern, indem faire Produktionsbedingungen und ökologische Folgen bei einer Bewertung berücksichtigt werden.

Um sich über Qualität verständigen zu können, muss man über Qualitäten sprechen. Dazu ist der bewusste Einsatz aller Sinne gefragt.

KAPITEL 3

Könnerschaft. Erkundungen der neuen Qualitätswirtschaft

Es tut sich etwas. Ausgerechnet dort, wo Kapitalismus- und Konsumkritiker es am wenigsten vermuten, in der Welt der Wirtschaft und der materiellen Kultur, sind die Dinge in Bewegung geraten. Menschen vertreten plötzlich die Auffassung, Tomaten sollten nach Tomaten schmecken, Mäntel länger als eine Saison halten und Apps möglichst wenig Energie verbrauchen. Eine neue Ökonomie entsteht: auf Hofgütern mit kulinarisch interessantem Angebot, in Markhallen mit regionalem Profil oder inhabergeführten Geschäften mit klug kuratiertem Sortiment. Aber auch im digitalen Bereich bewegt sich etwas, mit eigensinnigen Entwicklerinnen, deren Anwendungen die Privatsphäre ihrer Nutzer respektieren oder darauf bedacht sind, möglichst wenig ökologischen Schaden anzurichten.

Ich nenne diese stetig wachsende Nische die neue Qualitätswirtschaft. Sie entdeckt Möglichkeiten jenseits des vermeintlich Zwingenden. Oftmals handelt es sich um kleine Betriebe mit großer Ausstrahlung, die Experimente wagen und durch den Vertrieb im Internet weite Kreise ziehen. In bestimmten Bereichen, etwa bei Lebensmitteln, wird das Qualitätsspektrum erstmals richtig erschlossen, während mit digitalen Produkten sogar gänzlich Neues auf den Markt kommt. Dieses Kapitel präsentiert ein kleines Panorama der Qualitätswirtschaft zu Beginn des 21. Jahrhunderts. Es gibt viel zu entdecken, erstaunliche Geschichten zu erzählen und eine Menge Begeisterung zu teilen.

LOB DER KÖNNERSCHAFT

Könner sind Menschen, die sich auf ihre Sache verstehen. Und die das, was sie tun, besser machen als andere. Sie sind keine Anfängerinnen, sondern Meisterinnen ihres Fachs. Oft haben sie Jahre oder sogar Jahrzehnte geübt und unzählige Frustrationen überwunden, um dahin zu kommen, wo sie heute stehen – was sie nicht davon abhält, sich immer wieder herauszufordern, ihr Können auf die Probe zu stellen und es beharrlich weiterzuentwickeln. „Das Wissen der Menschen über die Herstellung von Dingen, das in ihrem Können enthalten ist, beeindruckt mich“, bemerkt der Architekt Peter Zumthor in seinem Buch *Architektur denken*. „Ich versuche darum, Bauten zu entwerfen, die diesem Wissen gerecht werden und die es auch wert sind, dieses Können herauszufordern.“

Könnerinnen verstehen sich darauf, ihre Kräfte auf eine Sache zu konzentrieren. „Ein wirkliches Können verträgt sich nicht mit Alleskönnen“, schreibt der Philosoph Emanuel Seitz. „Jedes Mehrkönnen nimmt an Qualität in einer Disziplin zu und wird notwendigerweise viele andere Disziplinen vernachlässigen.“

Wer Qualität sucht, sollte sich an Könner halten. Im Umgang mit ihnen kann man sein Unterscheidungsvermögen besonders gut schulen, denn sie zeigen, was möglich ist. Ich erinnere mich an ein Abendessen in einem Sternerestaurant. Zu den Gästen zählte auch eine herausragende Sommelière. Der Wein wurde serviert. Gut gelaunt tauschte sich die Runde über dessen Qualität aus. Bis die Sommelière einen Korkfehler bemerkte. Keinem der durchaus erfahrenen Weingenießer am Tisch und nicht einmal dem Sommelier des Lokals war er aufgefallen.

Da sich der unangenehme Duft durch Zugabe von etwas Mineralwasser verstärkt, konnten wir uns leicht überzeugen, dass der Korkton tatsächlich bestand. Die Nase der Sommelière war geübter als unsere, sie hatte ihr Können so sehr kultiviert, dass sie intensiver wahrnahm als der Rest der Runde. In solchen Momenten lässt sich der Unterschied zwischen durchschnittlicher Kompetenz und Meisterschaft erfahren.

Die Begegnung mit Könnerinnen kann ein Leben verändern. Unterhält man sich mit ihnen, fängt das Gespräch oft zögerlich an und gewinnt erst in dem Augenblick an Fahrt, wo die Rede auf das Metier kommt, dem sie sich mit Hingabe widmen und in dem sie sich auskennen wie kaum jemand sonst. Nicht nur überträgt sich die Begeisterung für eine Sache, es wächst auch der Respekt vor der Mühe, dem Mut und der Ausdauer, die in ihre Arbeit eingeht. Aus Gesprächen mit Könnern ergibt sich wie von selbst eine größere Achtung vor den Dingen, die sie erzeugen. Denn um diese hervorzubringen, müssen viele Hindernisse überwunden und ins Positive gewendet werden, ist Geschick erforderlich, Umsicht, ein untrügliches Urteilsvermögen, ein Gespür für den richtigen Zeitpunkt und auch dafür, wann man mit etwas aufhören sollte. Was Könnerinnnen machen und sagen, ist zumeist von frappierender Einfachheit. Der britische Architekt John Pawson fasst diese Einfachheit als das Resultat eines Filtervorgangs auf, bei dem alles Unerhebliche herausgesiebt wird: „The minimum could be defined as the perfection that an artefact achieves when it is no longer possible to improve it by substraction.“ Gekonnte Einfachheit ist kein Ausgangspunkt, keine verfrühte Simplifizierung, sondern, wie der Filmkünstler Robert Bresson es ausgedrückt hat, „Einfachheit als Ergebnis, Belohnung für Jahre der Anstrengung“.

Zur Könner- und Meisterschaft zählen nicht nur Spitzenleistungen, sondern auch ein Sinn für Angemessenheit. So wird beispielsweise eine erstklassige Köchin nicht stets die teuersten Grundzutaten wählen, sondern ebenso in der Lage sein, aus dem gerade Vorhandenen etwas gleichermaßen Simples wie Schmackhaftes zuzubereiten. In diesem Sinn schreibt Jürgen Dollase in einem Artikel über innovative Kochkunst: „Es muss gelingen, mit einfachen, aber einwandfreien Produkten hervorragende kulinarische Qualitäten zu erzeugen, die mithelfen, die Ressourcen zu schonen, ökologisch Sinn ergeben, weil sie zum Beispiel die Produktion im Nahbereich fördern, die ethisch Sinn ergeben, weil sie das Primat des Fleischkonsums aufbrechen, und zivilisatorisch von Nutzen sind, weil sie eine neue kulinarische Sensibilität in die Gesellschaft tragen.“ Konkret kann dies eine Abkehr vom abendfüllenden Degustationsmenü alter Schule bedeuten, hin zu informelleren Konzepten mit kleinen Gerichten und offenen Weinen, Tapas-Menüs und Takeaway-Angeboten. Der Vorzug liegt darin, dass ein solches, situationsspezifisches Verständnis vom gut Gelungenen Qualität nicht nur als Ausnahmefall zelebriert, sondern sie als Bestandteil des täglichen Lebens auffasst.

Welch großen Unterschied bereits kleine Veränderungen machen, zeigt sich am Beispiel des Weingenusses. Wer einmal ein und denselben Wein aus unterschiedlichen Gläsern verkostet hat, wird erhebliche Unterschiede bemerken. Die richtigen Gläser bieten nicht nur großen Weinen die Chance, sich voll zu entfalten, sie holen auch aus einfacheren Tropfen ein Optimum heraus – was wiederum bedeutet, dass gute Gläser den Alltag dauerhaft bereichern. An Punkten wie diesen lohnt sich die Suche nach dem Besten, nach Meistern, nach Leuten, die verrückt genug sind, so lange mit einem längst eingeführten Produkt zu experimentieren, bis das Bestmögliche erreicht ist. Vor einigen Jahren revolutionierten die neuartig geformten, ultradünnen Weingläser von Zalto den Markt, deren Rand so filigran ist, dass das harte Material in der Wahrnehmung gleichsam in den Hintergrund tritt, anstatt sich störend zwischen Flüssigkeit und Mund zu schieben. Das Delikate dieser gestalterischen Lösung verleiht dem Weingenuss eine festliche Note und erzeugt damit genau jene Freude, die ich weiter oben als Qualitätseffekt dritter Stufe bezeichnet habe. Zum Thema Könnerschaft gehört dieses Beispiel nicht zuletzt, weil solche Gläser nur von sehr geübten Glasbläsern hergestellt werden können. Da Glas sehr viel schneller erkaltet, wenn es dünn geblasen wird, muss es mit einer sicheren, gekonnten und bestimmten Bewegung hergestellt werden, schnell, aber nicht hektisch. Eine solche Geste beherrschen nur echte Könner. Erstaunlicherweise sind die mundgeblasenen Weingläser trotz ihrer Dünnwandigkeit sehr elastisch und dadurch nicht nur elegant, sondern auch stabil und dauerhaft.

Könnerschaft kann Märkte umkrempeln. Sie kann Maßstäbe setzen, Erwartungen neu kalibrieren und im Extremfall sogar zu einer so starken Alleinstellung führen, dass sich Angebot und Nachfrage auf erstaunliche Weise umkehren. Beispielsweise gibt es Affineure, also Experten für die Reifung von Rohmilchkäse, die sich ihre Kunden aussuchen können, den Händlern besondere Bedingungen zur Lagerung ihrer Produkte auferlegen und nur das liefern, was sie gerade liefern wollen, wie mir Philippe Causse erzählt, der Gründer des für sein erstklassiges Käsesortiment bekannten Feinkostgeschäftes Maître Philippe & Filles in Berlin. Dasselbe gilt für lederverarbeitende Werkstätten mit langen Wartelisten, die so gut arbeiten, dass ihre Kundinnen lieber Geduld mitbringen, als die schnelle Lieferung eines weniger guten Herstellers oder gar „same day delivery“ minderwertigerer Erzeugnisse vorzuziehen.

Auf die Frage, welchen Karriererat er jungen Menschen gebe, antwortete der Komiker Steve Martin einmal: „Be so good they can't ignore you.“ Der Produktivitätsexperte Cal Newport hat diesen Satz zum Titel eines Buches gemacht, das sich mit Könner- und Meisterschaft auseinandersetzt. Gewiss findet Martins Rat seine Grenze in persönlichen und sozialen Umständen oder auch in Zufällen. Etwas dran ist trotzdem. Newport ergänzt, dass Meisterschaft nur dann zu beruflicher Zufriedenheit führt, wenn man seine Arbeit nicht aus ethischen Gründen ablehnt. Auch mit Blick auf Könnerschaft liegt also eine Erweiterung des Qualitätsgedankens um ethische Aspekte nahe. Jemand mag ein Meister im Erfinden fragwürdiger Finanzprodukte sein, zu einer besseren Welt trägt er damit nicht bei. Darin liegt ein Grund, warum immer mehr erfolgreiche Managerinnen die Welt der Konzerne verlassen, um sich mit kleinen, handwerklich ausgerichteten Betrieben selbstständig zu machen und dadurch zur Vielfalt der neuen Qualitätsökonomie beizutragen.

Um etwas über diese neue Qualitätswirtschaft herauszufinden, habe ich viele Gespräche mit Könnerinnen und Könnern geführt. Nicht nur kennen sie sich bestens in der Szene aus, sie verfügen auch über ein bald tradiertes, bald durch Ausprobieren gewonnenes Wissen, das zur Herausbildung eines zeitgemäßen Qualitätsverständnisses maßgeblich beiträgt. In die Werkstätten der Meisterinnen und Meister zu gehen und ihnen bei der Verfertigung ihrer Produkte über die Schulter zu schauen, ist einer der besten Wege zur Ergründung von Qualität. Probieren Sie es einmal selbst! Viele Spitzenleute gewähren nicht ohne Stolz einen Blick in ihre Arbeitsstätten. An einer Reihe von Orten, sei es auf Reisen oder weil ich eine Zeit lang dort lebte, hatte ich in den vergangenen Jahren die Gelegenheit, hochinteressante Betriebe zu besuchen, hinter die Kulissen des Handels zu blicken, kundige Kritikerinnen kennenzulernen und die Entstehung der neuen Qualitätskultur mitzuerleben. Zudem führte ich für meinen Blog eine Vielzahl von Interviews mit Expertinnen und Experten, die zu den Besten ihrer Bereiche zählen. Verbunden mit intensiven Literaturrecherchen und Produktanalysen formte sich eine Karte der neuen Qualitätskultur. Hier ist sie.

DREI FORMEN DER QUALITÄTSWIRTSCHAFT

So sehr handwerkliche Herstellungsweisen in der neuen (und natürlich auch der alten) Qualitätswirtschaft eine zentrale Rolle spielen, so wenig beschränkt sich Qualitätsproduktion auf artisanale Herstellung. Denn einerseits findet sich ein Ethos des Handwerklichen auch in der Wissens- und Kreativbranche, andererseits haben sich in der Industrie- und Digitalwirtschaft eigene Qualitätstendenzen herausgebildet. Erst in der Zusammenschau zeigt sich die bemerkenswerte Breite der Entwicklung zu einer vorrangig auf Qualität ausgerichteten Art des Wirtschaftens. Begeben wir uns also auf einen Parcours durch die verschiedenen Branchen.

Handwerksbetriebe und Manufakturen

Im Sommer 2010 begann das Londoner Lifestylemagazin *Wallpaper* eine kleine Tradition: Zehn Jahre lang nannte sich das Augustheft „The Handmade Issue". Jede Ausgabe präsentierte eigens für das Journal in Auftrag gegebene Sonderanfertigungen handwerklich arbeitender Marken, Designerinnen und Betriebe. Insgesamt ergaben sich 587 Projekte und 1085 Kollaborationen. Zu den Beteiligten zählten prominente Namen wie Hermès, Bottega Veneta und Valextra, bekannte Designer wie Konstantin Grcic und Alfredo Häberli sowie zahlreiche kleine Werkstätten, Manufakturen und Ateliers. Dass ein für seine Stilexpertise bekanntes Magazin eine bestimmte Herstellungsweise, eben die handwerkliche, so prominent exponierte, markierte einen Trend: Seit gut 20 Jahren nämlich erfahren Handwerkliches und Manufakturelles eine neue Wertschätzung.

Streng genommen handelt es sich bei vielem, was allgemein als handwerklich hergestellt bezeichnet wird, um Manufakturware. Im Gegensatz zu Handwerksbetrieben produzieren Manufakturen mit Maschinen und in Serie, jedoch mit einem hohen Anteil an Handarbeit. „In der Produktion der Manufaktur entscheidet der Mensch über die Fertigstellung der einzelnen Arbeitsschritte; verfolgt wird das Ziel der Perfektion des Produkts“ , heißt es in einer Arbeitsdefinition des Verbandes Deutsche Manufakturen. Von der Industrie unterscheiden sich Manufakturen durch eine hohe Fertigungstiefe, die tendenziell den ganzen Produktionsweg umfasst. Beispielsweise erzielt der Heidelberger Schreibgerätehersteller Lamy eine Fertigungstiefe von über 95 Prozent, was konkret bedeutet, dass fast alles selbst gemacht wird, von Gehäusen über Federn und Minen bis hin zu Werkzeugen und Spritzgussformen. Im Folgenden fasse ich der Einfachheit halber Manufakturen und reine Handwerksbetriebe unter dem Aspekt des Handwerklichen zusammen.

Das wiedergewonnene Interesse am von Hand Gemachten bildet einen gewichtigen Teil der neuen Qualitätswirtschaft. Rosshaarmatratzen und handgeknüpfte Teppiche, rahmengenähte Lederschuhe und japanisches Denim, delikate Keramik, filigraner Silberschmuck und handgefertigte Hüte, Holzmöbel und Fahrräder, Armbanduhren und Schreibwaren, Naturkosmetik, Obstbrände und Craft Beer: die Produktpalette ist breit, und die Liste ließe sich leicht um weitere Erzeugnisse verlängern. Nicht nur *Wallpaper* griff die Entwicklung auf, sondern eine Vielzahl teils eigens gegründeter Magazine, die sich zum Beispiel mit handgefertigter Kleidung oder artisanal hergestellten

Lebensmitteln beschäftigen. Bildbände über Manufakturen erschienen, deren hochwertige Ausstattung ihr Thema sinnlich greifbar macht und das Buch als gedrucktes und gebundenes, den Tastsinn ansprechendes Objekt feiert. Selbst in den Wirtschaftsteilen wenig zeitgeistiger Tageszeitungen häufen sich seit einigen Jahren Berichte über gediegene mittelständische Manufakturen – von Solinger Messerherstellern über Uhrmacherwerkstätten im sächsischen Glashütte bis zu Spezialisten für hochwertige optische Geräte oder Audiosysteme. Gelegentlich werden sogar Unternehmerinnen porträtiert, die sich vom Dogma des unbegrenzten quantitativen Wachstums verabschiedet haben – zugunsten einer konsequenten Qualitätsorientierung. Gerade an solchen Beispielen lässt sich erkennen, dass es beim wiederentdeckten Handwerk um mehr geht als eine nostalgische Nische, nämlich um eine auf eine nachhaltigere Zukunft ausgerichtete Ökonomie.

Vorindustriell gefertigte Produkte stellen einen attraktiven Gegenpol zur Digitalisierung der Lebenswelt dar. Im Zeitalter der technischen Reproduzierbarkeit reizt die Spur menschlicher Berührung, die in die Handwerkserzeugnisse eingelassen ist – und die Einzigartigkeit von Unikaten, die exklusiv für ein bestimmtes Individuum angefertigt werden. Darüber hinaus lassen sich Handwerksprodukte aber auch auf etwas Allgemeines beziehen. Durch die Solidität ihrer Machart halten sie nämlich länger als manch industriell hergestelltes Produkt und stellen somit einen Beitrag zur ökologischen Verantwortung dar. Zudem geben Werkstätten auf dem Weg der praktischen Ausbildung ein spezifisches, „stilles“ Wissen an künftige Generationen weiter, das ohne die Fortsetzung handwerklicher Produktion verloren ginge.

Innerhalb des Handwerklichen lassen sich drei Varianten unterscheiden: Traditionsfirmen, die neue Aufmerksamkeit erfahren, die gestalterische Modernisierung bereits existierender Betriebe sowie Neugründungen. Traditionsbetriebe beeindrucken durch ihre lange Geschichte, die mehrere Generationen einer Familie umfassen kann. Beispielsweise ist Deutschlands älteste Seifenmanufaktur, die 1840 in Heidelberg gegründete Firma Klar, seit fünf Generationen im Familienbesitz. Ein anderes Beispiel ist die Firma Thonet, der heute im nordhessischen Frankenberg ansässige Hersteller von Bugholzmöbeln, eine Gründung aus dem Jahr 1819. Berühmt wurde das Unternehmen durch den „Konsumstuhl No. 14“ , besser bekannt als klassischer Wiener Kaffeehausstuhl. Zur ‚neuen‘ Qualitätswirtschaft zählt eine solche Firma nur insofern, als ihr neue Wertschätzung entgegengebracht wird. An der Produktion hingegen hat sich wenig geändert: Bis auf den heutigen Tag werden Buchenholzbretter mittels Wasserdampf drei bis sechs Stunden lang auf 106 Grad Celsius erhitzt und dann mit Muskelkraft zurechtgebogen. Qualität bedeutet hier, den Verlauf der Fasern zu prüfen und Rohmaterial mit Astlöchern auszusortieren, da das Holz später brechen würde. Alle Teile werden von Hand geschliffen, poliert, lackiert, zusammengefügt und schließlich geprüft, damit keine Rohfaser absteht, die die Kleidung der Kaffeehausgäste beschädigen könnte.

Eine Reihe traditioneller Betriebe erfährt im Zuge der neuen Qualitätswirtschaft eine gestalterische Modernisierung. Denn während die handwerkliche Güte ihrer Erzeugnisse über die Jahrzehnte hinweg unverändert blieb, veralteten die Designs. Mit gestalterischer Erneuerung, teils unterstützt durch digitale Arbeitsprozesse, knüpfen sie an vergangene Erfolge an. So erfanden sich Betriebe, die in der DDR-Wirtschaft nicht florieren konnten, nach dem Mauerfall neu. Beispielsweise gelang es den 1898 gegründeten Deutschen Werkstätten in Dresden-Hellerau oder der 1844 entstandenen, thüringischen Porzellanmanufaktur Kahla mit an die klassische Moderne anknüpfenden, zeitgemäßen Entwürfen den Weg ins 21. Jahrhundert zu finden. Besonders beeindruckende Beispiele für gestalterisch erneuerte Traditionsbetriebe finden sich auf den Britischen Inseln. Schottische Webereien wie Johnstons of Elgin und Begg & Co sind mit alten Strickmaschinen und neuen Farben und Mustern wieder zu einer festen Größe in der Modewelt geworden, während der britische Regenmantelproduzent Mackintosh zwar die traditionelle Silhouette verschlankte, aber den von seinem Gründer 1823 ersonnenen, wasserdichten Baumwollstoff weiterhin von Hand zu nahtfreien Mänteln verklebt. Der naheliegende Hinweis, solche Wiederbelebungen ließen sich nur im hochpreisigen Premiumsegment machen, trifft nicht in jedem Fall zu, betrachtet man beispielsweise die Geschichte der 1860 gegründeten Firma Cookson & Clegg im nordenglischen Blackburn. Mit der Verlagerung der Kleidungsproduktion ins Ausland schrumpfte die Firma immer mehr und stand kurz vor dem Abgrund, als der Unternehmer Patrick Grant sie 2015 kaufte. Grant gehört das Maßschneideratelier Norton & Sons in der Londoner Savile Row sowie die Designermarke E. Tautz. Da Cookson & Clegg für E. Tautz fertigt, rettete er die Firma. Um für eine kontinuierliche Auslastung zu sorgen, lancierte Grant eine dritte Marke: Community Clothing. Das Konzept besteht darin, „a line of straightforward, well-engineered and cost-engineered clothes“ zu produzieren und sie zum Selbstkostenpreis zu verkaufen. Da durch den Direktvertrieb die Handelsmarge eingespart, nicht jede Saison eine neue Kollektion entworfen und keine teuren Kampagnen kreiert werden (die Marketingausgaben betrugen 2018 gerade einmal 428 Pfund Sterling), kann Grant hochwertige Kleidung zu erschwinglichen Preisen *Made in the UK* anbieten. Unterdessen arbeitet Community Clothing mit 28 Partnerbetrieben in strukturschwachen Regionen des Vereinigten Königreichs zusammen, deren ältester seit 1776 existiert.

Schließlich gründen sich gänzlich neue Betriebe, bisweilen von Menschen, die nach ein oder zwei Generationen Unterbrechung eine Familientradition wieder aufgreifen, oftmals aber auch von Quereinsteigerinnen, die ihre akademischen Berufe an den Nagel hängen und beispielsweise Möbel zu Unrecht vergessener Gestalter wieder auf den Markt bringen, eine Pizzeria mit neapolitanischem Kuppelofen oder eine glutenfreie Bäckerei aufmachen. Besonders interessant sind Neugründungen, die eine zeitgemäße Ästhetik mit höchstem handwerklichem Niveau verbinden. So fertigt das Ehepaar Tsatsas in Frankfurt am Main oder Isaac Reina in Paris Lederwaren in einer Formgebung, die von ihrer Herkunft als Architekten zeugt. „Letztlich geht es um Material, Form, Proportion und um die Herstellungsweise“, erzählt mir Reina bei einem Gespräch in seinem Atelier. Um die Qualität seiner Produkte zu gewährleisten, arbeitet er nicht nur mit sehr engagierten Handwerkerinnen zusammen, sondern setzt auch unkonventionelle Vorgehensweisen ein: „Ich kaufe mir viele Vintage-Sachen, um zu sehen, wie sie gemacht sind. Manchmal nehme ich einen Prototyp und nutze ihn in meinem Alltag, um herauszufinden, wie er funktioniert.“ Als Seiteneinsteiger stellen Gründerinnen oft erst einmal die Selbstverständlichkeiten eines Metiers infrage. So berichtet mir Marion Schmid, die Betreiberin der Berliner Manufaktur Eisbox, sie habe sich nicht mit vermeintlich unumstößlichen Regeln abfinden wollen: Warum muss man – wie es sogar Biobetriebe tun – mit Fertigmischungen arbeiten? Warum soll zu jeder Jahreszeit jede Sorte angeboten werden? Der reflektierte Zugang der studierten Geisteswissenschaftlerin kulminiert in einem rigorosen Qualitätsverständnis: „Von allem nur das Beste und alles weglassen, was nicht unbedingt nötig ist! Konkret bedeutet das, möglichst gute Grundprodukte zu verwenden, also Früchte mit optimalem Reifegrad, frische und aromatische Kräuter, hochwertige Gewürze etc. Und wenn Milch und Sahne, dann fett!“

Zu den Sparten, in denen interessante Neugründungen stattfinden, zählen auch Naturkosmetik und Nischenparfümerie. Besonders beeindruckend ist die von Frédéric Malle in Anlehnung an die berühmte Pléade-Bibliothek des Pariser Verlagshauses Gallimard entwickelte Duftedition. Einem Herausgeber gleich beauftragt er berühmte „Nasen" wie etwa Jean-Claude Ellena, den ehemaligen Hausparfümeur von Hermès, individuelle Düfte zu kreieren. Oder das Angebot der Londoner Parfümeurin Lyn Harris, die gleichsam maßgeschneiderte Düfte exklusiv für einzelne Kundinnen entwickelt. Zugänglicher, aber nicht minder kompromisslos in Sachen Qualität, waren die Erzeugnisse der 2004 durch den ehemaligen Kunstbuchverleger Christoph Keller gegründeten Obstbrennerei „Stählemühle" . Zwar brachte Keller Marketingwissen aus seinem früheren Beruf in den neuen Betrieb ein, doch das eigentliche *savoir-faire*, nämlich ohne Zucker und künstliche Aromastoffe aus Obst, Kräutern, Wurzeln, Gemüse, Pilzen und Getreide Destillate zu brennen, erlernte er durch das Studium alter Quellen, den Rat von Experten und viel Experimentierfreude. Seine Verbindung von Wissbegierde und Beharrungsvermögen führte zu einem beispiellosen Erfolg: Kellers Brennerei erhielt bis zu ihrer Schließung im Jahr 2019 über 300 Auszeichnungen für ihre etwa 260 verschiedenen Brände, Geiste und Liköre und löste mit dem von Keller mitentwickelten Schwarzwald Dry Gin „Monkey 47" einen ganzen Trend zu hochwertigen Regional-Gins aus.

Verschiedentlich verbindet sich die gestalterische Erneuerung einer Manufaktur mit der ethischen Erweiterung des Qualitätsgedankens. So gründete das Designbüro Vogt + Weizenegger gemeinsam mit der Berliner Blindenanstalt im Jahr 1998 „Die Imaginäre Manufaktur", welche von den Designern gestaltete Produkte in den Werkstätten sehbehinderter Menschen herstellt. Ein ähnliches Konzept verfolgt die Bürstenmacherei Iris Hantverk im schwedischen Enskede, die skandinavisches Design mit dem besonderen Können blinder Menschen verbindet. In dem Buch *The Craft and the Makers* argumentiert die Betreiberin Sara Edhäll, dass es gerade die Einschränkung der Handwerker ist, die eine besondere Qualität hervorbringt: „Because their sight is impaired it reinforces other senses such as touch, which means that their sight is not necessary to bind a brush; however, one does not become a skillful brushmaker without a feeling for the craft. (...) What could be perceived as a weakness, its workforce, is turned into a streng (both socially and in terms of the finished item)."

Industrieproduktion

Wer sich gegen die Vorherrschaft des Vielen, schlecht Gemachten und Entbehrlichen wendet, zielt damit zumeist auf industrielle Produkte. Doch durch die Industriemoderne zieht sich auch eine progressive Grundidee, nämlich der Gedanke, brauchbare Gegenstände einer breiten Masse zugänglich zu machen. Leicht vergisst man in Anbetracht unseres hohen Lebensstandards, wie wenig selbstverständlich dieser noch vor wenigen Jahrzehnten war und wie wenig er es für unzählige Menschen auf dem Globus weiterhin ist. Darin, dass seriell gefertigte Produkte in guter Ausführung zur Hebung des generellen Qualitätsbewusstseins beitragen können, lag der Leitgedanke der Geschmackserziehung. Wegen ihrer Vermengung von Qualität mit nationalistischer Gesinnung oder stilistischen Vorlieben zogen viele historische Initiativen des Werkbundes und anderer Akteure jedoch berechtigte Kritik auf sich. Die Idee, mit der Steigerung der durchschnittlichen Warenqualität zugleich die Maßstäbe und den Horizont der Konsumenten zu heben, hat gleichwohl nichts an Gültigkeit verloren. Wer von vornherein an schlecht Gemachtes gewöhnt wird und Besseres gar nicht erst kennenlernt, kann keinen Qualitätssinn kultivieren. Wer hingegen bereits durch preiswerte Produkte für durchdachtes Design sensibilisiert ist, erhält mit dem Gebrauch der Dinge gleichsam eine qualitätskundliche Bildung mitgeliefert.

Trotz dieser durchaus möglichen, fortschrittlichen Dimension des Industriellen wird die neue Qualitätswirtschaft zumeist mit der Wiederentdeckung vorindustrieller Produktionsweisen gleichgesetzt. Eine solche Sichtweise übersieht jedoch sowohl technische Modernisierungen von Manufakturbetrieben als auch qualitätsorientierte Entwicklungen im Industriedesign, die ausdrücklich nicht-elitär konzipiert und vielfach ökologisch motiviert sind. Ein gutes Beispiel dieser Tendenz ist die bereits oben vorgestellte Richtung des *Super Normal*, deren Hauptvertreter Jasper Morrison und Naoto Fukasawa nicht nur für Firmen im Premiumsegment wie etwa die Möbelmanufaktur Maruni tätig sind, sondern durch ihre Arbeit für das 1980 gegründete, japanische Unternehmen Muji auch den Massenmarkt im Blick haben. Der Firmenname Muji ist eine Abkürzung für Mujirushi Ryohin, auf Deutsch: markenlose Qualitätsware. Das Unternehmen verkauft Utensilien und Aufbewahrungssysteme, Reisebedarf und Möbel, Textilien, Kosmetik und zahlreiche weitere Alltagsartikel. Durch die Zusammenarbeit mit Designern wie Kenya Hara, Sam Hecht und Enzo Mari gelang es Muji, ein Sortiment von hoher gestalterischer Qualität auf einem breiten Markt zugänglich zu machen. Beispielsweise bietet das Unternehmen ein modulares Schubladensystem an, das sich dank der Herstellung aus halbdurchscheinendem Polypropylen seiner jeweiligen Umgebung farblich anpasst und somit in wechselnden Wohnzusammenhängen immer wieder neu eingesetzt werden kann. Auf die Idee, Kunststoffe so zu verwenden, dass sie eine langjährige Nutzung begünstigen, kam 1982 auch der deutsche Designer Hansjerg Maier-Aichen mit seiner Marke Authentics. Er entwarf Alltagsobjekte von so ikonischer Einfachheit, dass allein sein Mülleimer mit kuppelförmiger Kappe und Schwingdeckel 55 Mal plagiiert wurde. Wie Fukasawa griff Maier-Aichen auf Polypropylen zurück, einen Werkstoff, der in den 1950er Jahren entwickelt worden war und dessen volles Potenzial er dadurch ausnutzte, dass ein leichtes Aufrauen der Außenseiten sowohl für Griffigkeit als auch für eine attraktive Anmutung sorgte. Durch ihre Verbindung von einer das Typische herausarbeitenden Form mit durchdachter Funktionalität und einer ruhigen, zurückhaltenden Erscheinung geben die Objekte wenig Anlass zum Wegwerfen. Dieser Effekt wird durch das Material begünstigt, denn Polypropylen altert nicht so unvorteilhaft wie andere Kunststoffe.

Besteht das Programm von Designern wie Fukasawa und Maier-Aichen darin, Artikel aus dem niedrigen Preissegment, die bislang als Teil der Wegwerfkultur galten, qualitativ aufzuwerten, so bemühen sich andere darum, bereits in ordentlicher Qualität vorhandene Artikel von der zweiten auf die dritte Qualitätsstufe zu heben, also vom reibungslosen Funktionieren zu einem gewissen Wow-Effekt. Ein Beispiel dafür ist die 2003 gegründete Berliner Brillenmarke Mykita. Dem Unternehmen gelang die Erfindung eines patentierten Gelenks, das eine kleine Metallspirale anstelle von Schrauben verwendet. Auf diese Weise rasten Brillenbügel geschmeidiger ein, und das Gestell lässt sich kopfgerechter justieren. Die Verwendung von unter Spannung gesetzten Leichtmetallen, für deren Verarbeitung eigens spezielle Maschinen entwickelt wurden, erwies sich zudem als besonders schonend für die Nasenwurzel, sodass bei den Trägerinnen seltener Druckstellen entstehen und sie ihre Sehhilfen so gut wie gar nicht mehr spüren. Das Produkt erinnert in gewisser Weise an die oben beschriebenen, dünnwandigen Weingläser. Zwar existierten bereits zuvor hochwertige Trinkgläser oder eben Brillen, doch ist es die konsequente Ausrichtung auf Qualität, die zu einem überraschenden Surplus führt. Dies betrifft Funktion und Form, liegt aber letztlich in einem besonderen Erlebnis („delight"), das mit dem Gebrauch des Gegenstandes einhergeht.

Wenn ich von einer neuen Qualitätswirtschaft im industriellen Bereich spreche, ist damit natürlich nicht gemeint, dass bisher keine vorrangig auf Qualität setzende Industrieproduktion existierte. Es geht vielmehr darum, dass neben traditionell qualitätsorientierten Unternehmen (man denke an geradezu sprichwörtlich mit Qualität assoziierte Marken wie Leica oder Miele) und innovativen Neugründungen auch solche Firmen, die dies bislang nicht taten, vom Mengen- und Preiswettbewerb auf Qualität umstellen. „Es ist höchste Zeit für bessere Qualität", schrieb Wolf Lotter vom Wirtschaftsmagazin *brand eins* bereits im Jahr 2010. „Warum? Weil die einzige Chance der wohlhabenden Ex-Industriestaaten in einem neuen Qualitätsverständnis liegt." Lotters Gleichung ist einfach: Wer in der globalisierten Ökonomie aufgrund hoher Standortkosten teurer ist, muss besser sein, um im Wettbewerb zu bestehen.

Qualität ist also nichts, das handgefertigten Unikaten vorbehalten wäre. Teilweise und sogar zur Gänze industriell gefertigte Produkte können durchaus hohen Qualitätsansprüchen genügen. Der alte Traum der Industriemoderne, gut gemachte Gegenstände in hohen Stückzahlen herzustellen, erfährt im Zuge der neuen Qualitätsökonomie einen überraschenden Schub. Auf die Spitze getrieben wird die Idee der Skalierung des Gelungenen jedoch in der nachindustriellen Wirtschaft. Denn Software lässt sich ohne Qualitätsverlust beliebig reproduzieren.

Digitalwirtschaft

Digitale Produkte haben eine neue Dimension in die Qualitätswirtschaft gebracht. Sie lassen sich unendlich vervielfältigen und verteilen, ohne dadurch etwas von ihrer Qualität einzubüßen. So wird es nicht nur möglich, dass die Erzeugnisse einiger der besten Softwareentwickler der Welt einer enormen Anzahl an Menschen zu vergleichsweise geringen Kosten zugänglich sind, es ermöglicht auch die Existenz unabhängiger Entwicklerinnen, die ihre Arbeit an einem lebendigen Qualitätsethos mit hohen ethischen Standards ausrichten. Oft bieten sie Lösungen von Problemen an, die von den großen, massiv persönliche Daten sammelnden Internetkonzernen aufgrund ihrer Geschäftsmodelle nicht angegangen werden, beispielsweise den Schutz der Privatsphäre im digitalen Raum. Entsprechend geradeheraus ist ihr Finanzierungskonzept: Anstatt vermeintlich kostenlose Dienste gegen Aufmerksamkeit und Datenpreisgabe zu tauschen, offerieren sie Leistungen gegen Geld. Dieses entwaffnend altmodische Geschäftsmodell hängt eng mit dem Qualitätsverständnis zusammen: Die Produkte tun genau das, was sie tun sollen, oft in besonders ansprechender Form, und sie tun nichts, was sie nicht tun sollen. Dafür zahlen die Nutzerinnen, sei es einmalig, sei es in einem Abonnementmodell. Bei einem solchen Produkt kann es sich zum Beispiel um einen RSS-Reader handeln, eine Software, mit der man Blogs, Newsletter und die Nachrichten sozialer Medien anonym verfolgen kann. Oder um einen VPN-Dienst, der das Surfen im Internet ermöglicht, ohne dass die besuchten Websites auslesen können, wo man sich gerade befindet.

Neben dem Verzicht auf Datenerfassung und der Transparenz der Geschäftsmodelle können bei der Gestaltung digitaler Artefakte weitere Aspekte sowohl eines engeren als auch eines erweiterten

Qualitätsverständnisses eine Rolle spielen. Bisweilen greifen beide ineinander. So hat Oliver Reichenstein, der Gründer der in Zürich und Tokio ansässigen Digitalagentur Information Architects (iA), einmal in einem Artikel veranschaulicht, wie viel Code die Wörter „Hallo Welt" in unterschiedlichen Dateiformaten erfordern. Das Ergebnis war frappierend: das Microsoft Word vorbehaltene .docx-Format benötigt ein wucherndes Gewirr von Codezeilen, während das freie .txt-Format nur eine einzige Zeile braucht. Reichensteins Visualisierung war Teil eines vielschichtigen Vergleichs (durchaus in der Absicht, die Vorzüge der von seiner Agentur entwickelten Schreibanwendung iA Writer herauszustellen), doch machte sie unabhängig von den Details anschaulich, was jede Softwareentwicklerin bestätigen wird: Man kann ein äußerlich gleich aussehendes Ergebnis (wie die Wörter „Hallo Welt" auf einem Computerbildschirm) mit sehr unterschiedlichem Code erzeugen. Je nachdem, wie durchdacht dieser Code geschrieben ist, fällt er nicht nur mehr oder weniger fehleranfällig aus, sondern eben auch mehr oder weniger schlank, was sich beispielsweise auf die Ladezeiten und den Energieverbrauch einer Website auswirkt. Ein handwerklich schlecht gemachter und hinsichtlich seiner Funktion wenig robuster Code (der Programme auch leichter zum Absturz bringt) ist tatsächlich zugleich ein ökologisch problematischerer, weil er mehr Rechenkapazitäten erfordert und entsprechend mehr Energie benötigt – mithin einen größeren ökologischen Fußabdruck hinterlässt.

Auf viele Laien wirkt es einschüchternd, wenn von Code die Rede ist. Ein paar Grundkenntnisse lassen sich jedoch wie eine Fremdsprache relativ leicht erlernen. Als ich mir vor ein paar Jahren etwas HTML und CSS beibrachte, um meine eigene Website zu programmieren, fand ich mich zu meiner Überraschung in einer faszinierenden Gemeinschaft wieder. Zahlreiche Blogs und Foren, in denen sich Softwareentwickler austauschen, zeichneten sich nämlich durch eine ausgeprägte Qualitätsorientierung aus, bei der es nicht nur um die beste sachliche Lösung von Programmier- oder Designproblemen ging, sondern auch um die Frage, wie das Internet und digitale Artefakte zu einer besseren Welt beitragen können. Wer weiß schon, dass erschreckend wenige Websites den Standards der Barrierefreiheit gerecht werden? Diese vom World Wide Web Consortium erstellten Anforderungen sorgen dafür, dass ein Internetauftritt nicht nur über seine grafische Benutzeroberfläche, sondern auch durch einen sogenannten Screenreader erschlossen werden kann. Dabei handelt es sich um eine Vorleseanwendung, die blinden und sehbehinderten Menschen Zugänge zu den Navigationselementen und Inhalten einer Website ermöglicht, beispielsweise über Ton oder mithilfe von Braillezeilen. Damit solche Geräte funktionieren, muss der Code jedoch nicht-diskriminierend geschrieben werden, zum Beispiel, indem jedem Bild eine Textbeschreibung (ein sogenanntes alt-Attribut) hinzugefügt wird. Die Qualität einer Website ergibt sich also nicht nur aus ihrer sichtbaren Gestaltung. Im Sinne des erweiterten Qualitätsbegriffs zählen auch ein schlanker, weil energiesparender und ein nicht-diskriminierender, weil Barrierefreiheit einprogrammierender Code dazu. Zur digitalen Qualitätswirtschaft gehören deshalb neben datenschutzstarken Firmen auch solche, die auf sozial und ökologisch bedeutsame Aspekte achten. Ein Pionier dieser Ausrichtung ist Wholegrain Digital, die Londoner Agentur des Nachhaltigkeitsexperten Tom Greenwood. Zu den Fallstudien, mit denen Greenwood wirbt, gehört der Webauftritt eines Herstellers ökologischer Reinigungsmittel, dessen Relaunch den Umfang der Website von 7,8 auf 1,7 Megabyte reduzierte, was einer Verringerung der CO_2-Emissionen pro Seitenaufruf um 3,4 Gramm entspricht. Nicht unerheblich, wenn man bedenkt, dass das Internet einer Reportage der BBC zufolge für etwa 3,7 Prozent der globalen Treibhausgase verantwortlich ist.

STEIGERUNG UND VEREINNAHMUNG

Für die Unternehmer der neuen Qualitätswirtschaft ist Qualität nichts, das man sich später, wenn die Aktien steigen, auch einmal erlauben kann, das durch geschicktes Marketing bloß behauptet wird oder auf das man lediglich am Wochenende im Privaten achtet. Qualität ist für sie kein Anhang, sondern das treibende Element, worauf sich alle anderen Aspekte ausrichten. So vielfältig die konkreten Lebensentwürfe, Betriebe und Angebote im Einzelnen auch ausfallen: Qualität spielt *von vornherein* die entscheidende Rolle. Es geht nicht darum, erst einmal – zugespitzt gesagt – mit irgendeinem gewinnversprechenden Dreck groß zu werden und dann zur Schadensbegrenzung Stiftungen und Forschungsinstitute zu gründen, sondern *mit dem eigenen wirtschaftlichen Handeln* zu einem besseren Leben beizutragen. Entscheidend ist der Leitgedanke, Wirtschaft anders aufzuziehen und Qualität als Kern des eigenen Geschäftsmodells zu begreifen – und nicht etwa als etwas, das von außen, als „compliance“ oder „corporate social responsibility“ ans Unternehmen herangetragen wird und irgendwie untergebracht werden muss. Ob global agierende Softwareentwickler, wachstumskritische Mittelständlerinnen oder von Aussteigern aus der Konzernwelt gegründete, kleine Handwerksbetriebe: jedes dieser Unternehmen ist zwar durchaus marktwirtschaftlich ausgerichtet, aber zugleich radikal in seiner Positionierung und seinem Selbstverständnis. Das Bezwingende der neuen Qualitätswirtschaftler liegt darin, dass sie keinen Systemwechsel suchen, sich nicht einmal gegen operative Klugheit wenden, sondern ganz einfach in einem umfassenden Sinn qualitativ hochstehende Produkte in den Fokus rücken.

Volkswirtschaftlich betrachtet reagieren die Akteure der neuen Qualitätswirtschaft auf die globale Wettbewerbssituation. Da sie mit der Kostenstruktur ärmerer Länder weder konkurrieren können noch wollen, treten sie in einen Qualitätswettbewerb. Der ehemalige Harvard-Professor Robert Reich macht darauf aufmerksam, dass Preiswettbewerbe die Gewinne drücken, während ein qualitativer Vorsprung nicht nur höhere Preise erzielt, sondern auch wesentlich schwerer nachzuahmen ist als die Billigproduktion von Standardwaren. „Im Qualitätsunternehmen entstehen die Gewinne nicht durch Größe und Menge, sondern durch die ständige Entdeckung neuer Verbindungen zwischen Lösungen und Bedürfnissen." Wie sehr Reichs Überlegungen der wirtschaftlichen Realität entsprechen, zeigen Gespräche mit mittelständischen Unternehmern. So sagt beispielsweise der Geschäftsführer des Fernsehherstellers Metz aus dem fränkischen Zirndorf: „Wir halten uns aus dem reinen Mengendenken heraus. Es gibt immer jemanden, der es billiger macht. Das ist keine langfristige Strategie. Wir wollen ausgereifte Produkte liefern, die technisch auf der Höhe der Zeit sind und auch nach Jahren problemlos repariert werden können." Entsprechend verkauft das Unternehmen seine Geräte ausschließlich im Fachhandel und geht juristisch gegen Preisdumping im Internet vor. Auch die seit 1829 bestehende Büttenpapierfabrik in Gmund lehnt die Jagd nach dem tiefsten Preis ab und verzichtet sogar auf Großkunden, die mehr als fünf Prozent Anteil am Umsatz einnehmen. Nur so, sagt der Inhaber Florian Kohler, ließen sich Qualität, Standort und Unabhängigkeit erhalten. Auf die Frage, warum sich Unternehmen trotz hoher Lohnkosten auf Preiswettbewerbe einlassen, antwortet er mit einem ratlosen Kopfschütteln: „I versteh's a ned."

Betriebswirtschaftlich verkörpern die Unternehmen der neuen Qualitätswirtschaft das, was Scott Galloway von der New Yorker Stern School of Business plakativ als eine Verschiebung „from Brand Age to

Product Age“ bezeichnet. Während im „Markenzeitalter“ auch mittelmäßige und lausige Produkte emotional aufgeladen wurden, geht es im „Produktzeitalter“ um Dinge, die das Leben besser machen. Befördert wird dieser „shift“ Galloway zufolge durch das Internet, denn es verschafft den Nutzerinnen nicht nur einen unkomplizierten Zugang zum Weltmarkt, sondern auch die technische Möglichkeit, Werbung einfach abzuschalten. „In the Brand Age, a wealthy traveler new in town tells his cabdriver to take him to the Ritz, because that's the brand he knows. In the Product Age, this valuable customer checks her phone as she gets off the plane, learns that the Ritz is being renovated, and that reviewers believe it's overpriced, and she crowdsources a recommendation for a new boutique hotel in a hipper neighbourhood.“

Bei der Suche nach Qualität ist man gut beraten, einen Blick auf das Finanzierungsmodell der Anbieter zu werfen, denn Geschäftsmodelle sprechen stets eine unmissverständliche Sprache. Schon die Frage, ob sie überhaupt transparent gemacht werden, sagt viel aus. Misstrauen ist angesagt, wenn Produkte gratis oder unter Wert abgegeben werden. Irgendjemand zahlt immer dafür, die Frage ist nur, in welcher Währung. Am leichtesten fällt die Einschätzung, wenn das Modell, wie bei den oben vorgestellten Softwareanbietern, klar und geradeheraus angelegt ist: ehrliches Geld für ehrliche Arbeit. Das Spektrum ist jedoch vielfältiger. Manchmal wird Qualität querfinanziert, zum Beispiel wenn Verlage die Pflege eines schwer verkäuflichen Lyrikprogramms mit dem Absatz von Bestsellern ausgleichen. Oder wenn, wie im Fall des 1800 gegründeten Ulmer Hut-Herstellers Mayser, der Traditionsbetrieb dadurch erhalten werden kann, dass das Unternehmen sein Geld unterdessen mit Schaumstofftechnik und Sicherheitssensoren verdient. Wiederum andere Firmen, darunter die WALA Heilmittel GmbH, zu der auch die Marke Dr. Hauschka

Kosmetik gehört, wählen eine Stiftungslösung, um die Unabhängigkeit des Unternehmens zu gewährleisten.

Man mag einwenden, dass die neue Qualitätswirtschaft eine Nische darstellt, die zwar wächst, aber immer eine Nische bleiben wird. Es ist leicht, die Attraktivität des alten Wachstumsmodells und seine Dynamik zu unterschätzen, gerade auch mit Blick auf nachholende Volkswirtschaften. Vielleicht muss ein Land erst ein gewisses Wohlstandsniveau erreichen, um ein ausgeprägtes Qualitätsbewusstsein herauszubilden. Vielleicht gehört die Lust am Trash oder eine gewisse Gleichgültigkeit gegenüber den Dingen zum Menschen dazu. Aber vielleicht sind solche Bedenken auch viel zu fantasielos. Immerhin zeigen die Unternehmen der neuen Qualitätswirtschaft nicht mit idealistischen Manifesten, sondern mit handfestem ökonomischem Erfolg, dass Wirtschaft sich keineswegs in einem Unterbietungswettlauf erschöpfen muss. Ihnen kommt eine Vorbildfunktion in Sachen Machbarkeit zu. An diesen Pionierinnen wird deutlich, was möglich ist, wenn das ‚mindset' erst einmal auf Qualität umgestellt ist.

Die neue Qualitätswirtschaft steht vor zwei großen Herausforderungen: der Skalierung und der Vereinnahmung. Denn unabhängig davon, ob einzelne qualitätsökonomische Waren Erfolg haben, stellt sich die grundsätzliche Frage, ob gut gemachte Dinge marktsättigend hergestellt werden können, ohne dabei an Qualität einzubüßen. Was, wenn die Nachfrage das Angebot übersteigt? Sollen Hersteller dann Zugeständnisse bei der Qualität machen, um Marktanteile und Einnahmen zu steigern – oder sollen sie eine konsequente, aber kleine Nischenfirma bleiben? Die Antwort hängt natürlich stark von der Art des Produktes ab. Wie bereits gesehen, lässt sich Software beliebig reproduzieren, ohne dabei im Geringsten an Qualität einzubüßen. Industrieware kann zumeist in bemerkenswert großer Stückzahl erzeugt werden. Nur beim Handwerklichen liegt es in der Natur der Sache, dass lediglich wenige Exemplare oder sogar nur Einzelstücke hergestellt werden können. Allerdings lassen sich diese Einschränkungen beispielsweise durch die Gründung neuer Betriebe, Ausbildungsprogramme, Wartezeiten und die längere Lebensdauer der Produkte ausgleichen.

Ab einem gewissen Punkt stehen qualitätswirtschaftliche Unternehmen, die klein gestartet und kräftig gewachsen sind, in der Regel vor organisatorischen Herausforderungen. Zudem lassen sich bestimmte Produkte, etwa Autos, nur von Firmen mit einer gewissen Größe herstellen. Interessant ist hier ein Blick auf Apple, einen Konzern, der mit dem Anspruch höchster Qualität auftritt, wenngleich es natürlich umstritten ist, ob das Unternehmen diesen Anspruch beständig einlöst. 1995 formulierte Steve Jobs im sogenannten *Lost Interview* mit dem Journalisten Robert X. Cringely ein geschmackserzieherisches Programm. Es gehe darum, „to take the best and to spread it around everybody so that everybody grows up with better things and starts to understand the subtlety of these better things“. Apple-Produkte sollten Ausdruck dieser ästhetischen Erziehung sein: „Ultimately, it comes down to taste. It comes down to trying to expose yourself to the best things that humans have done. And then try to bring those things in to what you're doing.“ Um dieses Ziel zu erreichen, etablierte Jobs ein firmeninternes Weiterbildungsprogramm, die Apple University. So wollte der an Krebs erkrankte Konzernchef sicherstellen, dass die von ihm entwickelte Firmenkultur auch nach seinem Tod in den Unternehmensstrukturen verankert bleibt. Aber wie sehen diese Strukturen aus? Vor Kurzem verrieten der Leiter der Apple University, der Ökonom Joel Podolny und sein Kollege, der Managementtheoretiker Morten Hansen, im *Harvard Business Review* Details über die Organisationsstruktur des notorisch verschwiegenen

Konzerns. Das Ungewöhnliche für eine Organisation dieser Größe bestehe darin, dass einzig der Vorstandsvorsitzende als genereller Manager fungiert, während alle anderen Führungspositionen jeweils mit derjenigen Person besetzt werden, die in ihrem Bereich über die größte Expertise und Erfahrung verfügt. Ihr traut man ein Gespür für Relevanzen und einen Sinn für Details zu. Man könnte auch sagen: An der Spitze stehen Könner, nicht Generalisten, Expertinnen, nicht Leute, die vor allem auf die Zahlen achten. Von Führungskräften erwarte man bei Apple „a commitment to separating how *right* from how *hard* a particular path is so that the difficulty of executing a decision doesn't prevent its being selected". Interessant an diesem Fall ist der Versuch, Könnerschaft zur Grundlage einer Organisationsstruktur zu machen – mit dem Ziel, durch sachferne Entscheider herbeigeführte Qualitätseinbußen zu verhindern. „Apple is not a company where general managers oversee managers; rather, it is a company where experts lead experts. The assumption is that it's easier to train an expert to manage well than to train a manager to be an expert", schreiben Podolny und Hansen.

Die zweite Herausforderung betrifft nicht die Unternehmen, sondern die Kundinnen. Sie heißt nicht Skalierung, sondern Mainstreaming. Denn die Ausstrahlung der neuen Qualitätswirtschaft sorgt dafür, dass Großunternehmen nachziehen und das Thema Qualität mit minderwertigen, aber intensiv beworbenen Produkten zu vereinnahmen versuchen. Plötzlich ist Qualität überall. Kaum ein Discounter, der sich nicht mit zertifizierten Produkten als nachhaltig und fair ausgibt. Doch woran lässt sich erkennen, ob man solchen Qualitätsversprechen trauen kann? Um als Verbraucher an der neuen Qualitätswirtschaft teilzuhaben, bleibt nur eines: Man muss sich kundig machen und an seinem Unterscheidungsvermögen arbeiten. Man muss zur Kennerin werden.

KAPITEL 4

Kennerschaft. Die Kunst des Unterscheidens

Aficionadas, Connaisseure, Kennerinnen: Welchen Ausdruck auch immer man vorzieht, wir haben es mit Leuten zu tun, die die Spreu vom Weizen zu trennen vermögen. Genau genommen sind es drei Merkmale, die Kennerschaft ausmachen: die Kenntnis relevanter Qualitätskriterien, die Fähigkeit, diese auf Einzelfälle anzuwenden, und eine unbedingte Leidenschaft für das Gelungene. Während Fachleute lediglich nüchterne, technische Einschätzungen geben, wollen Kenner, wie ich sie hier verstehe, auch genießen. Sie wissen nicht bloß um das, worauf es bei der Bewertung eines Gegenstandes ankommt, und verstehen sich nicht nur darauf, aus der Fülle der Möglichkeiten die lohnenswerten herauszufiltern, in all dem ist es ihnen auch stets darum zu tun, sich an den feineren Dingen des Lebens zu erfreuen. Es geht ihnen darum, durch Verzicht (aufs Schlechte), Verzögerung (bis Zeitpunkt und Umstände stimmen) und Verfeinerung (damit das Erlebnis auch wirklich bewegt) ein ‚gutes Leben' zu kultivieren. Der Schriftsteller Stefan Zweig spricht in seinen Erinnerungen an das Wien der Vorkriegszeit von einem „gleichzeitig genießenden und prüfenden Sinn" und meint damit genau jene Form des Unterscheidungsvermögens, die ich als Kennerschaft bezeichne.

VON DEN KÜNSTEN ZUM KULINARISCHEN

Zweigs Bezugspunkt sind die Künste, jener Bereich, auf den sich der Begriff der Kennerschaft ursprünglich bezog. Wie der Historiker Bernd Wolfgang Lindemann ausführt, bedeutet Kennerschaft im Kontext der bildenden Kunst „vorrangig die Begabung, die Qualität eines Kunstwerks wahrzunehmen und zu beurteilen, in zweiter Linie die Fähigkeit, Kunstwerke historisch einzuordnen, und schließlich die Befähigung, Kopien von Originalen zu unterscheiden". Umstritten war lange Zeit, ob dazu eher eine Art erfahrungssatte Sensibilität erforderlich ist oder, wie es sich schließlich durchgesetzt hat, ein methodisch geleitetes, wissenschaftliches Vorgehen. Einigkeit herrscht zwischen beiden Ansätzen über die Wichtigkeit vermeintlich unbedeutender Details. „Um die Hand eines Meisters zu erkennen und von der eines Kopisten zu unterscheiden, müssen wir auf kleine, scheinbar ganz unwesentliche Eigenheiten achten, auf nebensächliche Züge, die so unwichtig erscheinen, daß ein Nachahmer, Restaurator oder Fälscher sie gar nicht bemerkt", führte der Oxforder Kunsthistoriker Edgar Wind in seinen Reith Lectures zur „Kritik des Kennertums" aus.

So, wie die aufklärerische Leitidee der Kritik sich mit den Warenkunden vom Geistigen und Künstlerischen auf den Bereich der Alltagsdinge ausweitete, so erfuhr auch die spezielle Wissensform der Kennerschaft eine Übertragung auf Aspekte des Alltagslebens. „Connaisseurhaftigkeit, die man aus der klassischen Hochkultur (Literaturkenner) ebenso kennt wie aus Segmenten des bürgerlichen Lebensstils (Weinkenner), wird nun auf alle anderen, auch ursprünglich popkulturellen Objekte und Aktivitäten ausgedehnt", diagnostiziert der Soziologe Andreas Reckwitz für die Spätmoderne.

Was zeichnet Kennerinnen aus? In seinem *Versuch über den Pilznarren* erzählt der Schriftsteller Peter Handke von einem Pilzsammler, dessen Begeisterung für Steinpilze am Ende ins Maßlose umschlägt. Das Buch nähert sich dem Phänomen des Kennertums an und arbeitet einige Merkmale dieser besonderen Wissensart heraus: „Was war das für ein Wissen? Erst einmal das Wissen über die Pilze, das Suchen, die Standorte, das Unterscheiden, das Verwechseln, das Genarrtwerden, und meinetwegen, wenn auch in seinem Fall weniger des Wissens wert, das Zubereiten." Der Erzähler macht klar, dass Quantität keinen Zugang zur Welt der Pilze verschafft: „Das Zählen überhaupt, angesichts solcher Pracht, kam ihm unangemessen vor." Vielmehr geht es darum, mit allen Sinnen wahrzunehmen. Die Rede ist vom „Aufspüren", „Wittern", „Gewahrwerden", „Ausschauhalten und Stöbern" sowie vom „Ausfindigmachen oder Ansichtigwerden". Handkes vielseitige, ungewöhnliche Wortwahl zeigt, welch sprachlicher Anstrengung es bedarf, um die besondere Art der Weltaneignung, welche die Kennerschaft ist, zu beschreiben. Es handelt sich um eine Welterschließung, die an „Nuancen und Schattierungen" interessiert ist und ihre Erkenntnisse auf Augenhöhe mit den Dingen gewinnt: „jeder Fund bescherte ihm eine Überraschung, ein ungeahntes Ding-Wesen, einen neuen Ort, Farbton, Formakzent, Geruch". Besonders bemerkenswert ist Handkes Gedanke, dass Kennerschaft nicht wirklich erlernt werden kann, sondern sich im Laufe einer Praxis gleichsam indirekt einstellt. Sein Erzähler spricht von einem „Dazulernen, einem unwillkürlichen, ihn ohne sein Zutun beschenkenden". An diesem Punkt wird klar, dass man zur Kennerschaft nicht gelangen kann, indem man einfach das vermeintlich Beste kauft, also beispielsweise ohne vorherige Verkostungserfahrung mit den am höchsten bepunkteten Weinen einsteigt. Es gibt keine Abkürzung zur Connaisseursexistenz. Entsprechend gibt Handkes Kenner auch „eher vorsichtige Empfehlungen", wenn überhaupt.

DEMOKRATISIERUNG DES KENNERTUMS

Wer ‚das Richtige' kauft, erwirbt damit noch keine Kennerschaft. Preise und Luxuslabel sind Statussignale, aber keine Qualitätsgarantien. Natürlich können im (glücklichen) Einzelfall Solvenz und Kompetenz zusammenfallen, aber ‚Reinkaufen' kann man sich in die Kennerschaft nicht. Einmal mehr zeigt sich, dass Qualität nicht mit Distinktion kurzgeschlossen werden sollte. Auf der anderen Seite erfordert Kennerschaft durchaus Zeit und Geld. Man muss erst einmal die materiellen Möglichkeiten haben, das eigene Urteil zu entwickeln. Insofern steckt ein aristokratisches Erbe im Kultivieren des Qualitätssinns. Und insofern überrascht es nicht, dass diejenige Sozialfigur, die wohl als Urtyp des Kenners gelten darf, im Übergang von der Aristokratie zur bürgerlichen Gesellschaft aufkam: der Dandy. Mit seiner geistreichen Raffinesse verkörpert diese Gestalt des 19. Jahrhunderts „eine ganz aus Nuancen bestehende Art zu sein", wie der exzentrische Schriftsteller Jules Barbey d'Aurevilly es ausdrückt, der 1879 einen der lesenswertesten Texte über den Dandy veröffentlicht hat. Der Dandy ist ein Kenner, denn er versteht sich auf Feinheiten, die nur von einem geschulten Auge bemerkt werden, vor allem bei seiner Kleidung. Zugleich wird am Dandy deutlich, dass Kennerschaft keineswegs bloß eine Frage der richtigen Wahl ist, sondern mindestens ebenso eine des kundigen Umgangs mit dem Erworbenen. Es nützt wenig, erstklassigen Wein schlecht temperiert aus dem falschen Glas zu trinken, wenn es um den Genuss besonderer Qualität geht und nicht bloß um die Demonstration finanzieller Potenz. Thorstein Veblen, der luzide Beobachter der feinen Leute, brachte diesen Aspekt 1899 auf den Punkt: „Eng verbunden mit der

Forderung nach dem uneingeschränkten Konsum der richtigen Güter ist die weitere Forderung, nach der, wer ein Herr ist, wissen muß, wie diese Güter geziemend zu verbrauchen sind.“ Derjenige, dessen Kennerschaft nur angelernt, aber nicht verstanden ist, der zwar wählerisch ist, dem es aber an unabhängiger Urteilskraft fehlt, ist ein Snob. Vom Dandy mit seinem Witz und seiner gekonnt-spielerischen Eleganz unterscheidet sich der Snob durch das Prätentiöse seines Auftretens. Besonders treffend hat Nicolaus Sombart, der Sohn des Soziologen Werner Sombart, diesen Typus charakterisiert. Der Snob stehe „unter dem Zwang, ostentativ eine Kennerschaft, eine Orts- und Warenkenntnis, kurz: ein Insiderwissen herauszukehren, dem man anmerkt, dass es ihm nicht selbstverständlich ist, sondern aufgesetzt, eine Art ‚Zugehörigkeitsnachweis‘, den der Aufsteiger glaubt erbringen zu müssen. Dahinter steckt die Sehnsucht nach hohen und höchsten Graden der Qualität, nach einer Kunst- und Lebensform, deren Faszination umso größer ist, als man nur gerüchteweise etwas davon weiß. Nichts Ehrenrühriges ist daran. Nur fehlen die Nonchalance, die Ironie, das gehobene ‚Sich-nicht-ernst-Nehmen‘, das sich eigentlich nur der leisten kann, für den sich die Frage des gesellschaftlichen Status nicht mehr stellt.“

Sombarts Einordnung wirkt ebenso treffend wie antiquiert, weil Kennerschaft in der Gegenwart einen Demokratisierungsschub erfährt, der sie deutlich niedrigschwelliger macht. Zugehörigkeit (und damit auch die Abgrenzung von anderen) spielt weniger hinsichtlich sozialer Schichten (wie der bürgerlichen) eine Rolle als in Bezug auf sogenannte Neo-Gemeinschaften. Darunter verstehen Soziologen kleine, spezialisierte Gruppen, die ein Interesse teilen – also etwa das Interesse an schottischen Single Malts, Harris Tweed und Cordhosen. Solche Wahlgemeinschaften verfügen häufig über sehr unterschiedliche finanzielle Ressourcen, aber gleichwohl über geteilte kulturelle

Neigungen und das gemeinsame Ziel, bestimmte Dinge zu genießen und sich über sie auszutauschen. Ihren Ort finden sie vielfach, wenn auch nicht ausschließlich, im Internet. Zugang zu diesen digitalen Kennerschafts-Communities zu erhalten, ist zunächst einmal leicht: durch die Abgabe von Likes und Sternchen, die Teilnahme an Ratings und Rankings, das Verfassen von Nutzerbewertungen und Erfahrungsberichten. Ein stärkeres Engagement verlangt die regelmäßige Mitwirkung an Foren und Wikis oder das Lancieren eines eigenen Blogs. Damit ist die Deutungshoheit von Gatekeepern und Großkritikern gebrochen: Keine Redakteurin muss ihre Zustimmung, kein Verlag seine Bereitschaft bekunden – die neue Kennerschaftskultur ist egalitärer und insofern auch entspannter als die alte. Auf der anderen Seite garantiert das bloße Mitmachen, Selbstdarstellen und Meinungkundtun weder Aufmerksamkeit noch Reputation. So sehr sich die Vielfalt der Stimmen durch das Internet erweitert hat, so sehr schwankt ihr Niveau. Die vor anderthalb Jahrzehnten von Wolfgang Ullrich formulierte Hoffnung, im Netz könne eine „Dingkritik" entstehen, „die, anders als ihre kulturpessimistische Variante, Diskussionen über Konsumprodukte auslösen könnte und in Art und Wirkung vergleichbar mit Literatur- oder Theaterkritik wäre", hat sich bislang nur in Ansätzen verwirklicht. Interessant ist gleichwohl, dass im digitalen Raum wieder aufgegriffen wird, woran die historischen Warenkunden gescheitert waren: der Fülle und Dynamik der Dinge gerecht zu werden. Anders als gedruckte Enzyklopädien können digitale Wikis nämlich unkompliziert überarbeitet und aktualisiert werden. Zudem erlaubt das Internet kollaborative Formen der Wissenserzeugung, die einzelne Autorinnen entlasten. Die Güte der Ergebnisse hängt von der Kompetenz und Vielfalt der Beteiligten ebenso ab wie von den qualitätssichernden Verfahren der jeweiligen Website. Aus diesem Grund pflegt beispielsweise die Frage-Antwort-Webseite Stack Overflow ausgeklügelte Mitmachregeln. Stack Overflow ist eine 2008 gegründete

Plattform, auf der Nutzer Fragen zum Thema Softwareentwicklung stellen können, die von anderen Nutzerinnen beantwortet werden. Durch eine Reihe von Verfahren, darunter der Möglichkeit, als Fragesteller eine gegebene Antwort als beste Lösung zu kennzeichnen, können Nutzerinnen Reputationspunkte sammeln. Der Erfolg von Stack Overflow führte zur Gründung des Stack-Exchange-Netzwerks mit einer Vielzahl ähnlich aufgebauter „Q&A communities".

DREI ARTEN, SICH ZURECHTZUFINDEN

Die neue Kennerschaftskultur ist offener und vielfältiger als die snobistische alte. Das bedeutet jedoch auch, dass sie unübersichtlicher ist. Es genügt nicht, klassische Feinkostläden, hochbewertete Weine und teure Marken zu wählen, um zur Kennerschaft zu gelangen. Der Weg zur Qualität führt vielmehr über „genaue Kenntnisse, verschlungene Wege und manchmal glückliche Zufälle", wie Lucien Karpik es in seinem Buch über die Ökonomie des Einzigartigen treffend ausdrückt. Die verschiedenen Pfade lassen sich drei Wissensformen zuordnen, die ich Wissen-was, Wissen-wo und Wissen-wie nenne. Wissen-was ist Wissen über Produkte, klassische Warenkunde. Man weiß, was gut gemacht ist. Wissen-wo ist Wissen über urteilsbildende Instanzen, zum Beispiel über Kritiker und Tester. Man weiß, wo man guten Rat bekommt. Wissen-wie ist Wissen darüber, wie man am besten vorgeht, wenn man sich selbst auf die Suche nach Qualität begibt. Man weiß, wie man an die Sache herangeht. Betrachten wir die drei Wissensformen etwas eingehender.

Wissen-was

Wissen-was ist konkretes Wissen über einzelne Waren. Man weiß dann beispielsweise, wie hoch der Fruchtanteil einer Marmelade ist. Dieses Wissen ermöglicht eine erste kritische Bewertung, denn man kann beurteilen, ob man vor allem Zucker kauft oder eben zubereitetes Obst. Wer einmal damit beginnt, den Kräuteranteil eines Halsbonbons, den Nussanteil einer Nougatcreme oder den Wasseranteil einer Gesichtspflege herauszufinden, wird erstaunlich viele Produkte für Mogelpackungen halten. Und damit ist noch nicht einmal etwas über die Qualität der Früchte, Kräuter oder Nüsse gesagt oder darüber, ob die Wirkstoffe einer Gesichtscreme tatsächlich den versprochenen Effekt erzielen.

Weniger leicht herauszufinden, doch nicht minder aufschlussreich, ist die Herstellungsweise einzelner Waren. So sind etwa Seifen, die eine fünffache Walzung durchlaufen haben, erheblich ergiebiger als solche, bei deren Herstellung daran gespart wurde. Das sieht man den Produkten beim Kauf allerdings nicht an. Legt man Wert darauf, braucht man Wissen-was: ein Wissen darüber, was ein bestimmtes Produkt auszeichnet – und ein Wissen darüber, ob ein konkretes Erzeugnis diese Kriterien erfüllt. Je komplexer die Produkte, desto mehr Wissen wird erforderlich. Wie steht es um Solidität und Sorgfalt der Verarbeitung? Wurde unter menschenwürdigen und umweltfreundlichen Umständen produziert?

Die Fragen zeigen, dass Wissen-was Transparenz voraussetzt. Es erfordert die volle Deklaration der Inhaltsstoffe, Hintergründe über deren Verarbeitung usw. usf. Nur wer weiß, was drin ist, kann beurteilen, ob das drin ist, was reingehört, ob nicht drin ist, was nicht reingehört, und von welcher Güte die Stoffe sind, aus denen sich ein Produkt zusammensetzt. Historisch betrachtet, fand diese Art des Wissens ihren Niederschlag in der Hauswirtschaftslehre und in den bereits mehrfach erwähnten Warenkunden. In vielerlei Hinsicht hängt der Rückgang hauswirtschaftlicher Allgemeinbildung mit dem Aufstieg der Markenware zusammen. Am Beispiel der Konservendose hat die Kulturhistorikerin Gudrun König anschaulich gezeigt, dass diese neuartige Darreichungsform mit einem Schwund an Wissenwas einherging: „Reelle und unreelle Ware ließ sich äußerlich kaum mehr unterscheiden, und dies markierte eine entscheidende Änderung für die Kompetenz der Einkaufenden. Weder das Aussehen wie Farbe oder Frische noch der Geruch, noch das Betasten vermittelten irgendeinen Hinweis auf die Qualität der Ware. (...) In diese grundlegend neue, sensorisch deviante Erfahrung beim Einkaufen konnte das Markenprodukt im Bemühen um Qualitätskonstanz die Lücke zwischen traditionellen Wissensbeständen und neuen Anpassungsleistungen schließen."

Der Erfolg von Marken auf Kosten der Warenkunde wäre jedoch missverstanden, wenn man ihn lediglich als Sieg von Erscheinungsbild und Emotion über Sachkunde und Substanz interpretierte. Denn Marken reagieren darauf, dass es seit der Industrialisierung immer mehr und immer vielgestaltigere Waren sowie ein immer rascher wechselndes Angebot gibt. Entsprechend aufwendig wird es, sich intensiv mit den zur Auswahl stehenden Dingen auseinanderzusetzen. Der Ehrgeiz, das komplette Güterspektrum abzudecken, ist zum Scheitern verurteilt. Zudem erschwert die Komplexität bedenkenswerter Aspekte es, auf einem Gebiet zur Kennerin zu werden. Es zirkulieren einfach zu viele Dinge, um diese in allen relevanten Hinsichten zu vergleichen, auf dem Laufenden zu bleiben und sich gründlich auszukennen. Zudem kann das penible Sich-Beschäftigen mit Einzelnem skurrile Züge annehmen, am Ende doch eher profane Dinge auf lächerliche Weise überhöhen und die Aufmerksamkeit – wenn es etwa um den ökologischen Fußabdruck einer Ware geht – von wirksameren Möglichkeiten politischen Engagements ablenken.

Auf der anderen Seite geben exemplarische Tiefenbohrungen viel Aufschluss über die Welt der Dinge und nehmen Produkte als diejenigen Knoten im Netz der Wirklichkeit ernst, an denen sich Qualität letztlich erweisen muss. Ratsam erscheint daher die Konzentration auf einzelne, einem besonders wichtige Kategorien, zum Beispiel auf Schuhe oder die Küchenausstattung. Doch selbst innerhalb eines Spezialgebiets kann man in der Regel nicht alles selbst ausprobieren. Es empfiehlt sich daher, vom Wissen professioneller Kenner zu profitieren – was direkt zum zweiten Wissenstyp führt, dem Wissen-wo.

Wissen-wo

Wer über Wissen-wo verfügt, kennt Instanzen, die guten Rat geben und deren Empfehlungen auf Expertise beruhen. Dies können Kritiken, Warentests, Gütesiegel und vieles mehr sein. Die Idee ist einfach: Wer sich nicht auskennt, steht ratlos vor den Regalen und bleibt Marketing und Meinungen ausgeliefert. Wer jedoch kompetenten Rat einholt, kann eine bessere Wahl treffen. Ratgebende Instanzen entlasten, indem sie den Auswahlbereich einschränken und Orientierung anbieten. Durch sie verringert sich der Suchaufwand, während die Wahrscheinlichkeit steigt, das ‚Richtige' zu finden. Freilich sieht, wer Ratgebern folgt, nur das, was auch diese Ratgeber sehen. Wer beispielsweise stets diejenigen Weine trinkt, die ein bestimmter Kritiker empfiehlt, bleibt in dessen Bahnen. Sinnvoller ist es daher, Testertipps zum Ausgangspunkt einer eigenständigen Suche zu machen oder sich zumindest erst dann auf eine Instanz festzulegen, wenn man mehrere verglichen und herausgefunden hat, wessen Empfehlungen am ehesten auf der Linie des eigenen Geschmacks liegen oder wessen Beschreibungen man am besten nachvollziehen kann.

> Was taugen Tests? Wie verlässlich sind Bewertungen im Internet? Es geht um eine Art Kennerschaft zweiter Stufe, nämlich darum zu lernen, wie man Rat gebende Instanzen ‚liest' und die Beurteilungen selbst beurteilt.

Wissen-wo verlagert die Suche also von den Dingen zu den Instanzen. Aber auch davon gibt es reichlich. Welche geben brauchbaren Rat? Welchen kann man vertrauen? Auf den nächsten Seiten stelle ich einen kleinen, selbstverständlich unvollständigen Katalog zusammen, der unterschiedliche Orientierungsquellen vorstellt und eine Einschätzung davon gibt, was man von ihnen erwarten kann. Was taugen Tests? Was besagen Siegel? Wie verlässlich sind Bewertungen im Internet? Es geht um eine Art Kennerschaft zweiter Stufe, nämlich darum zu lernen, wie man Rat gebende Instanzen ‚liest' und die Beurteilungen selbst beurteilt.

Ein erster Typ von Bewertungen bezieht sich auf die Herkunft der Produkte: Made in Switzerland, ein Produkt der Marke X etc. Von der begrenzten Aussagekraft einer Made-in-Angabe war in diesem Buch bereits mehrfach die Rede. Denn unter Umständen findet nur ein kleinerer Teil des Fertigungsprozesses im ausgewiesenen Land statt, wo man in Niedriglohnländern gefertigten Produkten lediglich den letzten Schliff verleiht. Aber selbst wenn eine Herkunftsbezeichnung zutrifft, lässt sich auch bei Ländern mit einem guten Ruf zum Beispiel in Sachen Textilproduktion nicht automatisch auf die Qualität eines konkreten Produktes schließen – dazu müsste man wissen, wo genau und wie es hergestellt wurde. Insofern sind Made-in-Angaben allenfalls ein Anhaltspunkt. Das gilt übrigens auch für Hinweise wie „regionales Erzeugnis" oder „aus der Region". Zwar ist Regionalität ein sinnvolles ökologisches Kriterium, aber es lohnt sich auch hier, genauer hinzuschauen, denn irgendwo ist immer „Region". Wenn aber „regionale" Milch aus Bayern in einem Hamburger Kühlregal steht, fällt sie trotzdem durch den Regionalitätstest, so sehr sie ihn in München bestünde. Zitronenjoghurt aus Brandenburg mag regional produziert sein, doch die Zitronen kommen gewiss (noch) nicht aus dem Berliner Umland.

Ähnlich begrenzt ist die Aussagekraft von Markennamen („made by"). Wie weiter oben beschrieben, dienten Marken historisch dazu, im Zeitalter industrieller Massenproduktion die persönliche Vertrauensbeziehung zu Herstellern und Händlern zu ersetzen. Seither hat das Marketing ein Arsenal an Verführungstechniken entwickelt, das beträchtliche Budgets verschlingt, die erst einmal wieder eingespielt werden müssen. So berechtigt viele Einwände gegen die Macht der Marken zweifellos sind, so sehr sollte man sich aber auch vor Augen halten, dass Anbieter nicht nicht kommunizieren können, wenn sie mögliche Abnehmerinnen erreichen wollen. Zudem muss man sich darüber im Klaren zu sein, dass auch Anti-Marketing-Marketing Marketing ist. Vermeintlich konsumkritische Kampagnen oder eine schlichte Verpackungsgestaltung sprechen ebenso eine bestimmte Zielgruppe an wie grelle und laute Anzeigen eine andere. Am besten genießt man diejenige Kommunikation, die einem gefällt, ignoriert den Rest und bleibt grundsätzlich skeptisch. Und das bedeutet, die sogenannte Markenqualität zunächst einmal als bloße Behauptung zu behandeln. Zum einen produzieren viele Unternehmen sowohl unter der Herstellermarke als auch unter einer preisgünstigeren No-Name-Marke qualitätsgleiche Waren, zum anderen stellen viele Marken ihre Güter gar nicht selber her, sondern lassen extern fertigen. Auch innerhalb ein und derselben Marke kann es Unterschiede geben. So wirbt eine Reihe sogenannter Heritage-Marken im Textilbereich mit weit zurückreichenden Fertigungstraditionen, stellt aber keineswegs ihr gesamtes Sortiment in den traditionellen Produktionsstätten her. Lediglich besondere Teile fertigt man weiterhin in alten Werkstätten, während das Gros der Produktpalette anderswo billiger fabriziert wird. Im selben Atemzug erhöht man Marketinganstrengungen und Preise und erhofft sich davon, dass das gute Image der Vorzeigestücke und der Anfänge („heritage") auf das gesamte Sortiment ausstrahlt.

Sogar Neugründungen, die dezidiert als transparent und handwerklich arbeitend auftreten und sich als Teil der neuen Qualitätswirtschaft präsentieren, halten näherer Betrachtung nicht immer stand. So musste die New Yorker Schokoladenmanufaktur Mast Brothers 2015 einräumen, entgegen der eigenen Markenerzählung keineswegs von Anfang an *bean-to-bar*, also von der Bohne an gearbeitet zu haben. Tatsächlich gossen die geschäftstüchtigen Hipster lediglich industriell gefertigte Kuvertüre um und verkauften sie in Tafelform mit ausgesucht schöner Verpackung.

Beispiele wie dieses sollen jedoch nicht suggerieren, dass sämtliche Markenprodukte Nepp sind, sondern nur, dass Marken keinen besonders verlässlichen Qualitätsindikator darstellen (es sei denn, man hat aussagekräftige Recherchen über ein Unternehmen angestellt). Die von dem Entscheidungsforscher Gerd Gigerenzer präsentierte, erfrischend unkomplizierte Regel „Wenn du eine Stereoanlage kaufst, wähle eine Marke, die du wiedererkennst, und das zweitbilligste Gerät" mag ein smarter Weg zur Zufriedenheit sein, als Qualitätsindikator ist sie unbrauchbar. Das liegt daran, dass Zufriedenheit zwar eine Begleiterscheinung von Qualität sein kann, aber kein Qualitätsmerkmal – eine Einsicht, die sich unter vielen Wirtschaftswissenschaftlern noch immer nicht durchgesetzt hat. Am Ende ist es das einzelne Produkt, an dem sich Qualität erweisen muss. Dabei ist es auch zweitranging, ob dies im eigenen Haus oder von externen Spezialisten hergestellt wurde, solange das Ergebnis überzeugt. Gleichwohl fährt man meistens nicht schlecht, bei einer Firma diejenigen Produkte zu kaufen, für die sie bekannt geworden ist und auf deren Fertigung sie sich versteht. Ein Regenmantelspezialist ist nicht unbedingt ein Experte für Strickwaren und wird Letztere im Zweifel in Lizenz produzieren lassen.

Eine weitere Gruppe von Bewertungsinstanzen bezieht sich darauf, wer eine Ware verkauft („sold by"). Auf den ersten Blick erscheint es kontraintuitiv, diejenigen, die etwas verkaufen wollen, als gute Ratgeber in Betracht zu ziehen. Doch zum einen kann ehrlicher Rat einer Händlerin Wettbewerbsvorteile verschaffen, zum anderen sorgt er dafür, dass Kundinnen Vertrauen fassen und beim nächsten Kauf zurückkehren. Tatsächlich verfügen gute Fachhändler nicht selten über eine exzellente Waren- und Marktkenntnis, halten sich auf dem Laufenden, bringen Entdeckerfreude mit, entwickeln ein Profil und vermitteln ihr Wissen mit Leidenschaft. Zudem haben sie ein Interesse daran, einzelnen Kundinnen genau diejenige Ware nahezulegen, die zu ihnen passt. Ein recht brauchbares Indiz, um eine gute von einer weniger guten Händlerin zu unterscheiden, besteht übrigens darin, ob sie einem von bestimmten Produkten auch einmal abrät.

Aus einer qualitätsinteressierten Perspektive sind vor allem zwei Arten von Geschäften interessant. Einerseits uralte Läden, die über eine lange Zeit hinweg unabhängig geblieben sind, darunter Eisen- oder Haushaltswarengeschäfte, bei denen es noch jeden Nagel oder jeden Knopf en détail zu kaufen gibt, oder Trouvaillen wie das 1925 gegründete, nur fünf Quadratmeter große Handschuhgeschäft Luvaria Ulisses in Lissabon. Andererseits sich ausdrücklich als Teil der Qualitätswirtschaft verstehende Gründungen mit sorgfältig zusammengestellten Sortimenten wie Manufactum oder Labour and Wait, gute Lebensmittelgeschäfte und kompetente Weinhandlungen. Solche Läden haben das Zeug, ‚Händler des Vertrauens' zu werden. Sie zeichnen sich durch ein Gespür für gut gemachte Produkte aus, sichten unzählige Sachen, um die wirklich exzellenten aufzutreiben, und versammeln eine Vorauswahl, die die Kundinnen von der Suche entlastet. Wenig ist in der Konsumwirtschaft ansprechender, als ein Sortiment vorzufinden, bei dem man spürt, dass enormes Wissen, viel Erfahrung und große Mühe aufgeboten wurden, um nur das Beste bereitzuhalten. Diesen Aufwand durch einen Kauf zu honorieren, ist die Kerntransaktion qualitätswirtschaftlichen Handels.

Im Kapitel über Könnerschaft hatte ich die neue Qualitätswirtschaft mit Blick auf die Produktion erkundet. Das Bild wäre aber unvollständig, ohne auch die Distribution, also eben den Einzelhandel einzubeziehen. In Abgrenzung von anonymen Webshops, bei denen es vor allem um das jederzeitige Vorhalten und unverzügliche Liefern möglichst vieler Dinge zu niedrigen Preisen geht, und im Gegensatz

Bisweilen schaffen profilierte Händlerinnen überhaupt erst eine Vertriebsmöglichkeit für kleine Hersteller, die sich den Konditionen großer Handelsketten nicht unterwerfen wollen.

zu monotonen Ketten und profillosen Kaufhäusern, positionieren sich engagierte Einzelhändler mit einem ‚kuratierten' Angebot. Eine solche Auswahl setzt viel Wissen voraus, das im Idealfall auch in die Beratung Eingang findet. Beim Einkaufserlebnis spielt dann neben der Atmosphäre des Ladenlokals die persönliche Interaktion eine entscheidende Rolle, wobei die Expertise der Eigentümerin durchaus auch in einem textintensiven Webshop oder informativen Mailings ihren Niederschlag finden kann. Bisweilen schaffen solche Händlerinnen überhaupt erst eine Vertriebsmöglichkeit für kleine Hersteller, die sich den Konditionen großer Handelsketten nicht unterwerfen wollen – bis hin zur Existenzrettung von Lieferanten und Produzentinnen, die sonst keine Abnehmer mehr fänden. Bisweilen treten solche engagierten Händler auch mit Eigenerzeugnissen in Erscheinung, die viel Wert fürs Geld bieten, weil sie sich guter Kontakte zu ausgesuchten Herstellern verdanken, ohne einen Marken- und Marketingaufschlag einpreisen zu müssen. Auf diesem Weg können Kundinnen eine kleinteiliger strukturierte Wirtschaft unterstützen, qualitätsorientierten Erzeugern helfen und diese für ihr Festhalten an guter Arbeit belohnen.

Natürlich stellt ein Laden mit qualitätsorientiertem Konzept keine Garantie für gute Beratung dar, die unter anderem auch davon abhängt, wie gut die Angestellten geschult werden – eine Sache, die auch vielen durchaus gut sortierten Geschäften nicht immer gelingt. Die Läden (und Waren) der neuen Qualitätswirtschaft können sogar allzu kalkuliert daherkommen, gerade wenn sie frisch eröffnet haben und noch jede Patina fehlt. Dann wirken die Interieurs bis ins Letzte durchdesignt (mit viel leerem Raum und wie im Museum ausgestellten Objekten), merklich von einer Generation ersonnen, die mit allen Marketingwassern gewaschen ist. Man kann den Charme des Unkorrekten durchaus vermissen, wenn gleichsam jede Taste gedrückt wird (craft, organic, small batch etc.), um die Zielgruppe zu erreichen. Aber dennoch wird man Jasper Morrison zustimmen, wenn er im kleinen „specialist provider" ein herzerwärmendes, „very human concept of supply and demand" verwirklicht sieht. Sein Beispiel im Buch *The Good Life* ist ein kleiner Vasenladen im 3. Arrondissement von Paris, dessen baldiges Verschwinden er befürchtet: „the human element will be missing and you won't have quite the same relationship with the vase".

Misstrauen ist allerdings angezeigt, wenn Luxuskonzerne zuvor inhabergeführte, kleinere Häuser übernehmen. Dies führt fast ausnahmslos zu einer Neupositionierung, bei der teure Kampagnen, hohe Ladenmieten und billigere Produktionsstandorte mit Preissteigerungen einhergehen. Was als Rettung und Modernisierung verkauft wird, ist oft nur ein Begräbnis erster Klasse.

Wenn Sie das Glück haben, auf einen Händler zu stoßen, der etwas von seiner Sache versteht und Ihnen keinen Mist verkaufen will, nutzen Sie die Gelegenheit. Fragen Sie ihn aus! Fordern Sie ihn heraus! Wie lagert er empfindliche Produkte? Hat er Tipps zum optimalen

Gebrauch oder Genuss? Kennt er jemanden, der das Erworbene zur Not repariert? Geld ausgeben müssen oder wollen Sie ohnehin, dann doch lieber hier und so.

Vergleiche schützen davor, einzelnen Händlerinnen zu viel Vertrauen zu schenken. Prüfen Sie, wie profund jemandes Kenntnisse wirklich sind. Im besten Fall bleibt eine gute Händlerin an einer Sache dran, argumentiert offen und hat den Ehrgeiz, gemeinsam mit informierten Kunden voranzukommen.

Auf dem Land und auch in vielen Städten kann es passieren, dass man, so arrogant es auch klingen mag, viele Dinge einfach gar nicht kaufen kann, wenn einem Qualität etwas bedeutet. Dann bleibt nur, die Stärken des regionalen Angebots zu nutzen, sich auf Reisen einzudecken oder im Internet zu bestellen.

Der letzte Typ des Wissen-wo sind Bewertungen, die von diversen Instanzen vorgenommen werden („recommended by"). Dabei kann es sich um einzelne Personen (z. B. Kritikerinnen) ebenso handeln wie um Institutionen (etwa die Stiftung Warentest), Plattformen (beispielsweise Vergleichsportale) oder Algorithmen. Die Urteile werden teils in sprachlicher Form gegeben, teils – wie im Fall eines Gütesiegels – zu Symbolen verdichtet.

Wieder kommt es darauf an, die Instanzen und ihre Urteile einordnen zu können. Zentral ist zunächst einmal die Frage nach den einer Bewertung zugrundeliegenden Kriterien. Werden sie transparent gemacht? Wie werden sie begründet? Sind die Kriterien relevant, decken sie alle mir wichtigen Aspekte ab? Und wie werden die Ergebnisse gewichtet? Wie differenziert fällt die Bewertung aus?

Neben den Kriterien spielt natürlich eine Rolle, ob die testende Instanz überhaupt einen hinreichenden Marktüberblick hat und in der Lage ist, den Gegenstand qualifiziert zu beurteilen. Beispielsweise kommt es im kulinarischen Bereich auf eine breite Verkostungserfahrung an, will man Weine oder Spitzenküche kompetent bewerten.

Schließlich sollte man – vor allem im Internet – Erkundungen darüber einholen, welches Geschäftsmodell eine Instanz verfolgt und ob möglicherweise versteckte Interessen hinter einer Bewertung stecken. Wer ist der Auftraggeber eines Tests? Müssen Anbieterinnen für die Teilnahme daran Gebühren bezahlen? Sind mit den Testergebnissen sogenannte *affiliate links* verbunden, die dem Betreiber Provisionen einbringen? Werden Produkte von Anzeigenkunden auffällig gut bewertet, oder handelt es sich gar um bezahlte Inhalte, sogenannte *advertorials*? All das weist nicht per se auf unglaubwürdige Bewertungen hin, wird aber ein gesundes Misstrauen wecken und kann beispielsweise dazu veranlassen, einen Blick auf die Redaktionsstatuten eines Journals zu werfen.

Schauen wir uns ein paar Instanzen etwas genauer an. Was individuelle Kritiker betrifft, seien es Restauranttester, Modebloggerinnen oder Designkolumnistinnen, so wird man diese entweder schätzen, weil man gute Erfahrungen mit ihren Bewertungen gemacht hat oder weil man ihren streitbaren Eigensinn als Herausforderung begreift. Während die Texte von Kritikerinnen renommierter Zeitungen und Zeitschriften eine redaktionelle Qualitätsprüfung durchlaufen, aber eben auch an die Gepflogenheiten des jeweiligen Blattes gebunden sind, lassen sich im Internet neben Leuten, deren Äußerungen ein professionelles Lektorat guttäte, unabhängige Kritiker finden, die das Spektrum der Stimmen durch ihre Schreibweise, ihr Wissen und ihre Urteilskraft bereichern. Der Londoner Kleidungsexperte Simon

Crompton beispielsweise zeigt seit 2007 auf seinem Blog „Permanent Style“ eine außergewöhnliche Marktkenntnis und Expertise. Crompton sucht Hersteller und Ateliers auf, um deren Erzeugnisse kennenzulernen und diese an sich selbst auszuprobieren, er stellt warenkundliches Wissen über Stoffe und Verarbeitungsweisen zusammen und richtet das Augenmerk dabei gleichermaßen auf Stil- wie auf Qualitätsfragen.

Zu den Informationsquellen, die erst im digitalen Raum entstanden sind, zählen Erfahrungsberichte, Nutzerempfehlungen und Ratings durch Kundinnen. Soziologen zufolge leben wir längst in einer „Bewertungsgesellschaft“ (Steffen Mau), an der nicht nur Profis, sondern letztlich alle teilhaben, die eine Meinung abgeben. Aber helfen Kundenbewertungen bei der Suche nach Qualität? Um diese Frage zu beantworten, empfiehlt es sich, bloße Punktevergabe (*ratings*) von ausführlicheren Besprechungen (*reviews*) zu unterscheiden. Ratings reduzieren Komplexität, indem sie den Daumen hoch oder runter halten, keinen, drei oder fünf Sterne vergeben. Sie überführen Qualität in Quantität, bieten eine erste Orientierung, aber keine nuancierten Beschreibungen und ausgewogenen Bewertungen. Sie überspringen das, was die Beschäftigung mit Qualität überhaupt erst möglich und reizvoll macht: die Qualitäten. Zudem sind Durchschnittswerte nutzergenerierter Bewertungen nur dann aussagekräftig, wenn eine genügend große und hinreichend diverse Menge von Menschen ihr Urteil abgibt. Bewertet hingegen nur eine Handvoll Leute, die keine Ahnung von der Sache hat, taugt der Durchschnitt nicht einmal zu einer groben Orientierung. Bei digital eingeholten *ratings* spielt zudem eine Rolle, ob das Interfacedesign bestimmte Bewertungen nahelegt, zum Beispiel indem es die Eingabe einer hohen Zahl leichter macht als die einer niedrigen.

Reviews hingegen fallen, sofern sie sich nicht mit einsilbigen Urteilen („toll") begnügen, differenzierter aus als *ratings*. Allerdings findet sich in Bewertungsforen, die keiner strengen Netiquette folgen, nicht selten ein breites Spektrum unbrauchbarer Bewertungen: Gefälligkeitslob von Freundinnen, Verrisse durch Konkurrenten oder sachferne Auslassungen sind keine Seltenheit. Oft ist es möglich, eine Bewertung zu hinterlassen, ohne das Produkt erworben zu haben. Zudem sind erstaunlich viele Bewertungen gekauft. Einem Artikel von Davide Proserpio, Brett Hollenbeck und Sherry He im *Harvard Business Review* zufolge existiert „a large and thriving market for fake reviews", die etwa der Verkaufsplattform Amazon zu schaffen machen. Über ein ausgeklügeltes System akquirieren Händler Millionen gefälschter Bewertungen; dahinter stecken Verkäufer, deren Geschäfte „often have tight margins and little reputation to preserve, creating a whole host of quality control issues".

Auf der anderen Seite finden sich durchaus hilfreiche Produktbesprechungen unter den Nutzerrezensionen, verfasst von echten Kundinnen. Sie können sich durch genaue Beschreibungen und abwägende Argumentation auszeichnen. Bei der Einschätzung des Gesamtbildes helfen ein paar Fragen: Wie viele Bewertungen liegen vor? Welche Gemeinsamkeiten haben sie, und wo weichen sie voneinander ab? Wie aktuell sind sie? Es lohnt sich, mehrere Portale zu vergleichen und wohlbegründeten Negativbewertungen besondere Beachtung zu schenken, bevor man eine Kaufentscheidung trifft.

Zeitschriften zu Spezialthemen wie etwa Uhren, Computer oder Autos existieren schon lange, doch erscheint im Zuge der neuen Qualitätswirtschaft eine Vielzahl junger Titel, die sich gezielt der Warenkunde widmen. Dazu zählen das *Journal Culinaire* oder das *Slow Food Magazin* zu kulinarischen Themen, Hefte, die sich mit Bekleidungskultur auseinandersetzen, sowie generelle Fragen der Lebensqualität behandelnde Zeitschriften wie das Magazin *Monocle*. Auch Wochen- und Tageszeitungen greifen verstärkt warenkundliche Themen auf und veranstalten zum Beispiel Lebensmitteltests in Zusammenarbeit mit Spitzenköchen. Bereits seit Langem existieren Restaurantführer, die ebenfalls einen Ort des Wissen-wo darstellen, allen voran der vom gleichnamigen Reifenhersteller gegründete *Guide Michelin*, dessen 1926 eingeführte Sterneklassifikation ursprünglich Autofahrern nahelegen wollte, bei einem Restaurant mit einem Stern ihre Fahrt zu unterbrechen, bei zwei Sternen einen Umweg zu fahren und bei drei Sternen das Restaurant als alleiniges Reiseziel auszuwählen.

Eine besonders interessante Variante des Wissen-wo sind Gütesiegel. Sie reagieren auf die Schwierigkeit, sich mit jeder einzelnen Ware intensiv auseinanderzusetzen. Doch sind, wie Wolfgang Ullrich in seiner *Kritik der warenästhetischen Erziehung* bemerkt, „die Gütesiegel infolge einer Inflationierung in den letzten Jahren ihrerseits unsicher geworden“, woraus er die Notwendigkeit ableitet, „die Qualität der Siegel selbst eigens zu prüfen“. Das erweist sich in der Tat als notwendig, bedenkt man, dass allein in Deutschland seriösen Schätzungen zufolge 750 Testveranstalter existieren, die Labels und Siegel vergeben. Entsprechend gibt es unterdessen der Siegeleinschätzung dienende Siegelbewertungs-Apps, die freilich ihrerseits einer Einschätzung bedürfen, was die Sache endgültig kompliziert werden lässt ...

Für Siegel (und Siegelbewertungen) gilt zunächst einmal dasselbe, was wir generell zum Wissen-wo festgehalten haben: Man muss wissen, welche Kriterien mit ihnen geprüft werden, inwiefern die zertifizierende Instanz qualifiziert ist und welche Interessen sie verfolgt. Soweit es sich nicht um rein technische Prüfzeichen handelt, erweisen sich zahlreiche, gern auch von einer Branche selbst vergebene „Gütezeichen“ als reines Marketinginstrument. „Geprüfte Qualität“ zu bescheinigen, ist gesetzlich nicht geregelt und kann von nichtssagenden Wohlfühllabels bis zum irreführenden Greenwashing ein breites Spektrum der Täuschung abdecken. Besonders in der Agrarwirtschaft existieren „Qualitätssiegel“, die einer aufgeklärten Kultur kulinarischer Qualität systematisch entgegenwirken.

Wer dem erweiterten Qualitätsbegriff folgt, wird an Bio- und Fairtradesiegeln ein besonderes Interesse haben. Auch hier ist es zunächst einmal wichtig zu wissen, was genau sie bedeuten. Während manche (etwa das EU-Siegel) eher Mindeststandards beschreiben, sind andere (darunter Demeter oder GOTS) strenger. ‚Bio‘ ist zu einer dermaßen leeren Vokabel geworden, dass es sich empfiehlt, genauer nachzufragen, was im konkreten Fall damit gemeint ist: artgerechte Tierhaltung mit Auslauf und Weidefütterung zum Beispiel oder Verzicht auf Pestizide und synthetische Kunstdünger. Zwar können auch Biolebensmittel aufgrund der allgemeinen Umweltsituation Schadstoffrückstände enthalten, doch insgesamt ist deren durchschnittliche Belastung anerkanntermaßen geringer. Auf der anderen Seite wird auch Bioobst rund um den Globus transportiert oder während des Winters in energieverbrauchenden Kühlhäusern gelagert. Was die kulinarische Qualität im weiteren Sinne betrifft, so unterscheiden sich Biofertiggerichte kaum von konventionellen. Unter dem Titel „Elitenversagen“ schreibt Jürgen Dollase deshalb: „Wer mit dem Etikett ‚Bio‘ zufrieden ist, ist noch nicht sehr weit gekommen, weil er einem technischen Qualitätsbegriff hinterherläuft.“ Gesundheitliche Unbedenklichkeit, das Einhalten von Grenzwerten und die Abwesenheit unerwünschter Zusatzstoffe („frei von“) definieren Qualität nur negativ. So, wie die defensiv gedachte Idee des „Verbraucherschutzes“ eher vor dem Schlechten schützt als für das Tolle begeistert. Eine emphatische Kultur der Qualität geht darüber hinaus. Sie betrachtet Biokriterien – nicht nur aus gesundheitlichen Gründen, sondern auch des Tierwohls und ökologischer Verantwortung wegen – als Teil eines Weges, aber nicht als Ziel und Selbstzweck. Und sie strebt ein Urteilsvermögen an, das nicht an Siegeln festklebt. Denn deren Aussagekraft ist begrenzt. Bei einem Wein mit Biosiegel beispielsweise wurden zwar die Trauben unter Rücksicht auf bestimmte Kriterien angebaut, doch das bedeutet nicht, dass im Keller keine Reinzuchthefen oder Holzersatzstoffe zum Einsatz kommen, von geschmacklichen Aspekten einmal ganz abgesehen. Aufgrund der Beschränkungen von Biozertifizierungen hat eine Reihe erstklassiger Winzer damit begonnen, auf die kostspieligen und verwaltungsintensiven Siegel zu verzichten. Die Weinexpertin Paula Bosch berichtet: „Es gibt sehr viele ‚konventionelle' Winzer, die sich nicht dem Diktat einer Zertifizierung unterwerfen wollen, und das interessanterweise manchmal, weil sie die Regeln für nicht streng genug halten." Zu ihnen zählt der Pfälzer Winzer Stephan Schwedhelm, der sich über widersinnige Bioregularien echauffiert: „Fenchelextrakt ist plötzlich verboten, obwohl es nichts Natürlicheres gibt, und mit Natriumbicarbonat hatten wir die besten Resultate bei der Bekämpfung des Echten Mehltaus. Weil es aber zu billig ist, wurde es einfach auf die Rote Liste gesetzt. Jetzt ist nur noch das viel teurere Kaliumbicarbonat erlaubt. Wenn das keine Lobbyarbeit ist!"

Eine letzte Form des Wissen-wo, die bisweilen geradezu mit Qualitätsbewertungen gleichgesetzt wird, sind Testprädikate. Die wohl am meisten beachteten vergibt die 1964 vom Deutschen Bundestag initiierte Stiftung Warentest. Sie ist die größte deutsche Testorganisation, teils vom Staat finanziert und kommt ohne Werbeeinnahmen aus. Die getesteten Produkte werden regulär im Handel erworben, ein Kuratorium entscheidet über die Prüfkriterien und Testmethoden,

Einzeldaten werden vor der Veröffentlichung an die betroffenen Hersteller geschickt. Aus Gründen der Fairness gegenüber den Produzenten und Konsumenten, aber auch aufgrund der Rechtssprechung, bemüht sich die Stiftung Warentest um harte, gerichtsfeste Fakten sowie um sachgerechte und nachvollziehbare Kriterien. Das ‚Matching' erfolgt auf einer doppelten Achse: hinsichtlich der getesteten Eigenschaften sowie durch das Abschneiden im Vergleich. Insgesamt gelingt es der Stiftung seit Jahrzehnten, als Goldstandard des Qualitätstests wahrgenommen zu werden und geradezu eine Aura des Amtlichen auszustrahlen. Allerdings sind auch die Urteile der Stiftung Warentest nicht unfehlbar. Zum einen handelt es sich vor allem um technische Tests mit einem Fokus auf Funktionalität und Laborwerten. Die Grenzen der Bewertungen zeigen sich, wenn man über ein eher ingenieurhaftes Qualitätsverständnis hinausgeht. Zwar spielt längst auch eine Rolle, ob Produkte umweltschonend hergestellt und Mitarbeiter fair behandelt werden, doch wo es beispielsweise um die sensorische Prüfung von Lebensmitteln geht, weicht das Urteil der Tester immer wieder von demjenigen einer Feinschmeckerjury ab. Will man die Testurteile richtig interpretieren, sollte man zudem einen genauen Blick auf die Teilnoten werfen, die zur Abwertung führen können. Immer wieder handelt es sich dabei um Kriterien, deren Bedeutsamkeit bezweifelt werden kann oder die ein Hersteller leicht auszubessern vermag.

Entgegen einer weitläufigen Annahme ist Öko-Test keine Stiftung, sondern ein 1985 gegründeter Verlag in Form einer Aktiengesellschaft, die mehrheitlich zur Medienholding der Sozialdemokratischen Partei Deutschlands gehört. Das Magazin erzielt Werbeeinnahmen, vielfach mit Anzeigen von Marken, deren Produkte positive Testurteile erhielten. Öko-Test achtet besonders auf den Nachweis von Schadstoffen (beispielsweise in Kosmetikartikeln) und legt seinen Tests strenge, die gesetzlich festgelegten Grenzwerte nicht selten übertreffende Maßstäbe zugrunde. Tests und Kaufempfehlungen zu gesundem und nachhaltigem Konsum bietet auch das 2007 gegründete Portal Utopia.de, das ebenfalls über die Deutsche Druck- und Verlagsgesellschaft der SPD gehört. Wie bei Öko-Test handelt es sich bei der Utopia GmbH also um ein kommerzielles Unternehmen, das seine Inhalte mit klarem Blick auf Suchmaschinenoptimierung konzipiert. Damit sei nicht behauptet, dass Bewertungen von Öko-Test oder Utopia keine brauchbare Quelle darstellen. Es schadet aber sicher nichts, bei der Einschätzung der Bewertungen über ein wenig Hintergrundwissen zu verfügen. Wie transparent kommerzielle Testseiten aufgemacht sein können, zeigt die 2011 gegründete und seit 2016 der New York Times Company gehörende Testplattform *Wirecutter*. Mit Überschriften wie „Why you should trust us", „Who this is for", „How we picked" oder „Flaws but not dealbreakers" redet die Seite Klartext, wenn sie einen Vergleichstest vornimmt. Auch hier muss man nicht jedem Urteil folgen, hat aber nie den Eindruck, dass einem etwas verschwiegen wird.

Zum Abschluss des Abschnitts über das Wissen-wo darf ein kurzer Blick auf Algorithmen nicht fehlen, denn zahlreiche Empfehlungen erfolgen unterdessen nicht mehr durch Individuen oder Organisationen, sondern automatisiert. Zudem definieren Suchmaschinen und soziale Medien den Auswahlbereich, den wir bei einer Kaufentscheidung überhaupt in Betracht ziehen. Was ein niedriges Ranking erfährt oder gar nicht erst erfasst wird, hat nur dann noch eine Chance, gefunden und gewürdigt zu werden, wenn es einem per Zufall begegnet – aber wo kann sich dieser ereignen, wenn Menschen sich nur mehr in bestimmten App-Umgebungen aufhalten? Dadurch, dass jede Nutzerin und jeder Nutzer aufgrund der hinterlassenen Datenspuren personalisierte Suchergebnisse erhält, schrumpft der

Horizont immer enger zusammen. Die sogenannten Filterblasen sind Echokammern, ein „Korridor der numerischen Berechenbarkeit" (Steffen Mau), in dem Vorlieben bestätigt, Herausforderungen gemieden und Überraschungen als Störung eliminiert werden. Selbst wer seine Suchmuster auf Qualität einstellt, sieht dann nur, was er oder sie bereits hineingelegt hat, und blendet Neuentdeckungen *off the beaten track* unwillkürlich aus. Das Auffinden des Gelungenen über die eigenen Bestände hinaus zählt aber zum Kern der Kennerschaft. Dazu bedarf es eines Wissen-wie.

Wissen-wie

Wissen-wie ist die interessanteste Wissensform, diejenige, die am schwersten zu erlernen ist und die am meisten weiterhilft. Aus der Fülle des Warenangebots und der Unübersichtlichkeit der Bewertungsinstanzen zieht sie die Konsequenz, das *eigene* Urteilsvermögen zu kultivieren. Wissen-wie ist eine Fertigkeit, nämlich diejenige, sich warenkundliches Wissen eigenständig zu erschließen und Bewertungen selbst einschätzen und vornehmen zu können. Sie ist eine Art verinnerlichter Kompass, geläufig gewordener Maßstab, informierte Intuition. Wissen-wie filtert eine Menge Unbrauchbares von vornherein aus, anstatt in jedem Fall eine Einzelprüfung vorzunehmen. Denn dadurch würde das Leben zu einem endlosen Anwenden von Kriterien, so aufwendig und so anstrengend, dass die Lust an der Qualitätssuche rasch nachließe und die Freude über das Wohlgeratene ausbliebe. Die Matrix dieser Wissensform ist deshalb nicht das aus der Industriegesellschaft stammende, mechanisch abgleichende Kriterienmodell der Qualität, sondern die Lebenskunstlehre und die Ästhetik. Es geht um ein Unterscheidungsvermögen, das eine geschulte Sensibilität und einen Sinn für Angemessenheit voraussetzt. Ein altes, im 18. Jahrhundert eingeführtes Wort hilft dabei, zu einem besseren Verständnis dieser Wissensform zu gelangen: Urteilskraft. Der Aufklärer Immanuel Kant bezeichnete sie als „ein besonderes Talent (...), welches nicht belehrt, sondern nur geübt sein will". Im Fall der Kunst, auf die Kant sich bezog, ging man davon aus, dass sich Kennerschaft durch Erfahrung einstellt, durch einen langen und konzentrierten Umgang mit künstlerischen Arbeiten. Bei genauer Betrachtung sind es drei Elemente, die zur Kennerschaft im Sinne des Wissen-wie führen – im Fall der Kunst ebenso wie im Bereich des Alltagslebens.

Das erste Element besteht darin, sich so viel wie möglich guter Qualität auszusetzen. So, wie Lehrlinge in der Werkstatt eines Meisters mit Gekonntem konfrontiert werden und Umgang damit haben, so hilft das Sich-Einlassen auf Qualitätvolles dabei, ein Gefühl für gut Gemachtes zu entwickeln. „Transparenz sichert noch keine Qualität. Dazu muss man in der Lage sein, Qualität zu beurteilen, was erst gelingt, wenn man sie einmal kennengelernt hat", schreibt der Ökonom Birger Priddat. Wer viel verkostet, schult seinen Gaumen, lernt hinzuschmecken und Nuancen zu erkennen. Wer den Code einer gelungenen App einem *reverse engineering* unterzieht, entwickelt ein besseres Verständnis von Softwarequalität. Durch die Begegnung mit gut gemachten Dingen sinken die belanglosen nach und nach unter die Schwelle der Wahrnehmung und stören auf der Suche nach Qualität nicht weiter. Was für eine Erleichterung!

Das zweite Element ist die von Kant erwähnte Übung. Man erwirbt Urteilskraft weniger theoretisch als durch Ausprobieren. Deshalb hatte ich in der Einleitung zu diesem Buch empfohlen, die Lektüre mit dem vergleichenden Verkosten einiger Weine zu begleiten. Machen Sie schon Fortschritte? Es ist nie zu spät, sich darauf einzulassen! Übung ist eine besondere Lernerfahrung, in deren Verlauf Feedback eine wichtige Rolle spielt, zum Beispiel durch Gespräche mit Könnerinnen oder den Austausch mit anderen Kennern. Allerdings liegt die Grenze des Begriffs der Urteilskraft darin, dass er letztlich eher auf umsichtige Regelanwendung denn auf eine entdeckende Lebensform, eine „Weise des Wirkens" abzielt, wie Emanuel Seitz bemerkt: „In Übungen perfektioniert der Tätige eine bestimmte Weise des Verhaltens, indem er sich die Form möglichst genau aneignet und geläufig macht oder indem er die Form passgenau einzusetzen lernt, bis er bewusst oder unwillkürlich sich bestmöglich verhält." Was zunächst Überwindung kosten mag, etwa indem man einen Umweg zum Besorgen besonderer Lebensmittel in Kauf nimmt, wird im Nachhinein durch intensiveren Genuss belohnt. Übung „macht das zu Übende geläufig und die Übenden gelassen", schreibt Seitz. Das so gewonnene Können ist mehr als korrektes Urteilen; es geht ins Offene: „Unbekannte Möglichkeiten des Vollzugs erschließen sich in der Nachahmung und gewinnen in der Wiederholung die Freiheit der Bewegung."

Das dritte Element ist die Reflexion. Sie blickt auf die beiden ersten Elemente zurück und fragt danach, was gemacht und was nicht gemacht wurde, was man hätte anders machen können und wo der Prozess blinde Flecken aufweist. Hier spätestens kommt die Sprache ins Spiel. Denn wie schon mehrfach betont, führt der Weg zur Qualität über die Qualitäten, darüber, Eigenschaften und Eindrücke auf eine Weise beschreiben zu können, die Vergleiche ermöglicht, Urteile einsichtig macht und dabei doch stets die Besonderheit des Bewerteten bewahrt. Da die Reflexion immer auch Kehrseiten in den Blick nimmt, sorgt sie dafür, dass neue Entdeckungen nicht übersehen werden und die Wahrscheinlichkeit steigt, auch zerbrechlichen, noch im Keimstadium befindlichen Ideen eine Chance zu geben.

ANHALTSPUNKTE FÜR DEN ALLTAG

Wissen-wie ist ein durch Umgang, Übung und Reflexion zum Gespür gewordenes Qualitätsverständnis. In diesem Abschnitt stülpe ich den Prozess um und liste eine Reihe möglicher Komponenten eines solchen Gespürs auf, Anhaltspunkte, die sich bewährt haben, handfeste Tricks und Kniffe aus meinem persönlichen Werkzeugkasten. Ich trage Erkenntnisse der bisherigen Kapitel mit Blick auf die Praxis zusammen und formuliere Faustregeln für das Finden von Qualität im Alltag. Dabei handelt es sich natürlich nur um Angebote, eine unvollständige, lockere Liste, die Teil Ihres inneren Qualitätsradars werden kann, Anregungen für alle, die ihr Kaufverhalten auf Qualität ausrichten, kostspielige Fehlentscheidungen vermeiden und ihr Leben genussvoller gestalten möchten.

Als ersten Schritt empfehle ich, alles zu ignorieren, was einem Produkt nur äußerlich ist: Preise (dazu mehr im nächsten Kapitel), Popularität, Exklusivität, Empfehlungen von Stars, dubiose Gütezeichen, die Verpackung, den Stil, aber auch unspezifische Herkunftsangaben oder bloß vage Hinweise auf traditionelle Herstellung. Nichts davon garantiert Qualität, wenngleich etwa eine schöne Verpackung durchaus als Teil der Gesamtqualität eines Produktes aufgefasst werden kann.

Sodann sollte man bedenken, dass Qualität sich in einer jeweiligen Situation erweist, und die Frage nach der Angemessenheit stellen: Für welches Essen brauche in eine Weinbegleitung? Für welchen Anlass ein Kleidungsstück? Was will ich mit einem Einrichtungsgegenstand machen? Mit der Fokussierung auf Sache und Situation lässt sich der Auswahlbereich bereits enorm verringern, und man gewinnt

Zeit, sich intensiver mit dem verbleibenden Angebot zu beschäftigen. Tatsächlich besteht ein nicht geringer Teil echter Kennerschaft darin, sich „im Linksliegenlassen und Nichtverwirklichen zu üben“, wie Emanuel Seitz es ausdrückt. „Die Konzentration auf weniges ist klug“, schreibt er, „weil sie den Umschlag von Quantität in Qualität ermöglicht.“

Im Grunde ähnelt dieser Prozess dem Erschließen einer Stadt, die man bislang noch nicht bereist hat. Man sucht sich einen vielversprechenden Ausgangspunkt, zum Beispiel ein von Einheimischen empfohlenes Lokal, und erkundet von dort aus zu Fuß die Nachbarschaft. Durch die Wahl des Ausgangspunktes (der auch eine schöne Straße mit kleinen Läden oder eine kulturelle Einrichtung sein kann) erhöht sich die Wahrscheinlichkeit, in einer guten Ecke loszulegen, und durch das eher ziellose Schlendern bleibt man offen für eigene Entdeckungen. Auf Alltagsgegenstände bezogen hat der Spaziergang gleichsam fünf Stationen, nämlich die fünf Elemente Material, Verarbeitung, Funktion, Form und Wirkung. Sie erweisen sich als eine hilfreiche Richtschnur, wenngleich sie natürlich je nach Bereich (Ernährung, Kleidung, Wohnung) unterschiedlich gefüllt und gewichtet werden.

Die erste Aufmerksamkeit gilt dem Material: Ist es hochwertig? Ist es angemessen? Nützlich ist eine Negativprobe: Enthält etwa ein Lebensmittel nur das, was reingehört, oder auch Ersatz- oder Zusatzstoffe, die Qualitätsmängel überdecken sollen? Nur wenn die Elemente taugen, aus denen etwas zusammengesetzt ist, lohnt sich die Fortsetzung der Qualitätsprüfung.

Im nächsten Schritt geht es um die Verarbeitung. Wie solide und wie sorgfältig wurde gearbeitet? Ein aufschlussreicher Qualitätsindikator

Im Grunde ähnelt dieser Prozess dem Erschließen einer Stadt, die man bislang noch nicht bereist hat. Man sucht sich einen vielversprechenden Ausgangspunkt, zum Beispiel ein von Einheimischen empfohlenes Lokal, und erkundet von dort aus zu Fuß die Nachbarschaft.

sind dabei die Details. Es lohnt sich auch, etwas über das Innenleben eines Gegenstandes herausfinden und beispielsweise bei einer Jacke einmal zu schauen, ob es sich beim Schulterpolster um eine mit lockerem Heftstich fixierte Rosshaareinlage oder bloß um verklebte Kunstfaser handelt. Wer im Versteckten nicht spart, fertigt mit einem hohen Qualitätsethos.

Der dritte Aspekt ist der naheliegendste: die Funktion. Tut ein Gerät, was es tun soll? Ist es verlässlich, durchdacht und je nach Bedarf flexibel genug für das, was ich später einmal damit vorhabe? Ein bewährter Trick ist es, sich auf Waren aus dem professionellen Bereich zu fokussieren, die sich unter hoher Beanspruchung als belastbar erwiesen haben. Hierzu zählen zum Beispiel Hotelbedarf, Industrieleuchten oder im öffentlichen Raum bewährte Dinge wie die in

Frankreich und Portugal verbreiteten, robusten Parkmöbel aus Eisen, die auch in privaten Gärten oder auf dem Balkon eingesetzt werden können.

Beim vierten Aspekt, der Form, kommt es zum einen darauf an, dass diese die Funktion nicht beeinträchtigt, zum anderen, dass sie sich in Dingarrangements und Umgebungen fügt, also etwa ein Pullover mit anderen Kleidungsstücken oder eine Vase mit anderen Einrichtungsgegenständen kombinierbar ist. Sonst tritt der sogenannte Diderot-Effekt ein: der Austausch erst einzelner Teile, dann einer kompletten Ausstattung, weil nichts mehr zusammenpasst. Benannt ist diese Kettenreaktion nach dem französischen Aufklärer Denis Diderot, der sie 1768 zum ersten Mal beschrieb. Das Argument, Dinge sollten sich zu einem stimmigen Ensemble fügen, hat als Qualitätskriterium freilich nur dann Gewicht, wenn man das erweiterte Qualitätsverständnis zugrunde legt und ästhetische Haltbarkeit aus ökologischen Gründen befürwortet. Sonst bleibt es bloß eine Stilfrage, die mit dem individuellen Geschmack beantwortet werden kann.

Dinge lenken mit ihrer Beschaffenheit die Verwender, legen Deutungen, Stimmungen und Verhaltensweisen nahe, lassen mal mehr und mal weniger Freiraum zur Aneignung und zum abweichenden Gebrauch.

Der fünfte und letzte Aspekt ist der Effekt, den die Dinge bewirken: Stören sie? Tun sie verlässlich ihren Dienst? Oder lösen sie sogar einen besonderen Moment aus? Hier kommen natürlich in höherem Maße situative und subjektive Komponenten ins Spiel als etwa bei der Beurteilung der Funktionalität. Gleichwohl sollte man sich vor Augen halten, dass Wirkungen in den Gegenständen angelegt sind. Ein flacher Wein kann keine erhabenen Gefühle auslösen. Dinge lenken mit ihrer Beschaffenheit die Verwender, legen Deutungen, Stimmungen und Verhaltensweisen nahe, lassen mal mehr und mal weniger Freiraum zur Aneignung und zum abweichenden Gebrauch.

Legt man neben produktbezogenen Anhaltspunkten Wert auf ein sozial-ökologisch erweitertes Qualitätsverständnis, empfiehlt sich der Blick auf drei weitere Gesichtspunkte. Zunächst einmal gibt das Geschäftsmodell ungeschminkt Auskunft über ein Unternehmen. Verlangt jemand Geld für eine bestimmte Leistung, oder steckt ein intransparentes Finanzierungsmodell dahinter? Transparenz ist auch hinsichtlich der Herstellungsbedingungen ein gutes Indiz. Verschweigt ein Anbieter beispielsweise die Produktionsstandorte, oder wirbt er offen damit? Schließlich spielt hinsichtlich des ökologischen Fußabdrucks neben der bereits erwähnten Langlebigkeit und Flexibilität auch die Reparierbarkeit eine wichtige Rolle.

Die elementarste Regel für Qualitätssuchende lautet: weniger, aber besser. Das Einfache in guter Ausführung – und sich ab und zu Exzellentes gönnen, um zu erfahren, was möglich ist. Zudem sollte man die Entdeckerfreude nicht verlieren, denn es begeistert immer wieder, wenn es Enthusiastinnen gelingt, längst bekannte Produkte um eine überraschende Nuance zu perfektionieren.

Die elementarste Regel für Qualitätssuchende lautet: weniger, aber besser. Das Einfache in guter Ausführung – und sich ab und zu Exzellentes gönnen, um zu erfahren, was möglich ist.

Material, Verarbeitung, Funktion, Form, Wirkung, Geschäftsmodell, Produktionsumstände und ökologischer Fußabdruck: Wer sich nicht die Mühe machen will, diese acht Aspekte in jedem Einzelfall durchzugehen, aber dennoch Wert auf Qualität legt, wird sich am besten auf sorgsam ausgewählte Marken, Händler, Expertinnen, Testprädikate, Gütesiegel oder Plattformen verlassen. Oder ein je nach Anlass zwischen Pragmatik und Gründlichkeit changierendes Vorgehen vorziehen. Eine hilfreiche Faustregel lautet: Je näher man etwas an sich heranlässt, je teurer es ist, je länger es hält, je häufiger eine Anschaffung wiederkehrt und je mehr sie einem bedeutet, desto eher empfiehlt es sich, viel Zeit auf die Recherche zu verwenden. Wenn möglich sollte man Provisorien vermeiden, denn eine Handvoll Halbheiten, die später ersetzt werden, sind in der Summe zumeist teurer als der einmalige Kauf des Richtigen. Muss es wirklich sofort sein? Wäre es nicht besser, zum Beispiel langsam einen Hausstand aufzubauen, als alles auf einmal anzuschaffen, wenn man sich noch gar nicht richtig auskennt? Und gibt es nicht ein besonders befriedigendes Gefühl, nach langem Suchen und vielleicht auch Sparen endlich das Optimale zu besitzen? Oder sich nach einigem Warten und dem so unzeitgemäßen Gefühl der Vorfreude an etwas eigens für einen selbst Angefertigtem zu erfreuen? Vielleicht bietet eine solche Aussicht ja einen Ansporn, sich den Zugang zu erarbeiten – oder wenigstens einen Anlass, das Kostbare nicht deshalb abzuwerten, weil es einem selbst nicht verfügbar ist, sondern es vielmehr sogar dann zu bewundern, wenn man es nicht besitzen kann.

Die Ausrichtung auf Qualität bringt eine andersartige Zeitlichkeit und ein ungewohntes Verhältnis zu Preisen in das Kaufverhalten: Man erwirbt einen Gegenstand nicht, wenn man ihn braucht, sondern wenn man den besten gefunden hat. Womit wir bei den Themen der beiden nächsten Kapitel wären: Zeit und Geld.

5
2

KAPITEL 5

Sprechen wir über Preise. Qualität und Geld

Wann immer von Qualität die Rede ist, fällt irgendwann der Satz: „Aber man muss sich Qualität auch leisten können." Die rasche Zustimmung, das geradezu reflexhafte Kopfnicken, welches dieser Satz hervorruft, bringt viele Gespräche über gut gemachte Dinge zu einem vorschnellen Ende – als handle es sich um die einzige Aussage, auf die man sich beim Thema Qualität einigen kann. Tatsächlich aber steht kaum etwas einer ernsthaften Auseinandersetzung mit Qualität so sehr im Weg wie der Hinweis auf ihre mangelnde Erschwinglichkeit. Es lohnt sich daher, den Satz einmal etwas genauer zu betrachten. Stimmt er eigentlich?

Interessanterweise kommt der Verweis auf die hohen Preise gut gemachter Dinge nicht nur von Menschen, die für Geringverdiener Partei ergreifen, sondern auch von solchen, die sich die teuersten Sachen kaufen. Beide Male dient er der sozialen Distinktion. Im letzteren Fall macht jemand darauf aufmerksam, sich Premiumprodukte leisten zu können, und erheischt neidvolle Bewunderung. Anstatt auf die Eigenschaften des Erworbenen einzugehen, zeigt er auf das Preisschild. Der Volkswirt Ernst Mohr von der Universität St. Gallen spricht in diesem Zusammenhang vom „allerkrudesten Code" eines „Haben-Signalling", der in einer Qualitätswirtschaft eigentümlich deplatziert wirkt. Für Asfa-Wossen Asserate, den Verfasser des Buches *Manieren*, zeugt es sogar von Vulgarität, „edle Dinge zu verbrauchen und zu verschwenden", ohne deren Wert zu kennen und zu bewundern, „sondern weil sie teuer sind und weil ein geheimer Vernichtungswunsch allem Edlen gegenüber sich an dem Abscheu der Zeugen weidet".

Zumeist freilich dient der Hinweis auf die echte oder vermeintliche Unerschwinglichkeit qualitätvoller Dinge als Begründung dafür, dass man selbst zu minderwertigen Waren greift oder das Gespräch darüber für elitär hält. Die Preise seien „gesalzen", die Produkte „überkandidelt", heißt es dann. Ob solche Einschätzungen zutreffen, lässt sich natürlich nur im konkreten Einzelfall beurteilen. Werden sie pauschal erhoben, drängt sich der Eindruck auf, es gehe eher darum, mit dem Preisargument andere Prioritäten bei der Produktwahl zu verschleiern. Der Gastronomiekritiker Jakob Strobel y Serra hat seinem Frust über „Geizgeilheit" im kulinarischen Bereich einmal mit folgenden Worten Luft verschafft: „Sie sind bereit, für das Fünfundsechzig-Minuten-Konzert eines kapriziösen Popsternchens dreistellige Summen auszugeben. Das gleiche Geld in ein zehngängiges Degustationsmenü zu stecken, halten viele aber für pervers und dekadent – und machen ohne Wimpernzucken einen Familienausflug in den Freizeitpark, der nicht viel billiger ist als ein Besuch im Sternerestaurant mit Kind und Kegel. Und immer wieder hört man von solchen Menschen die Klage, dass sie sich Bio-Lebensmittel nicht leisten könnten." So betrachtet, handelt es sich beim Preisargument um einen Vorwand, mit dem sich das Infragestellen des eigenen, möglicherweise nicht gerade qualitätsorientierten Kaufverhaltens abwehren lässt. Zu sagen, man müsse sich Qualität eben auch leisten können, ist in vielen Fällen erst einmal ein Ablenkungsmanöver, ein gesellschaftlich akzeptierter Weg, die Beschäftigung mit den Dingen zu vermeiden, indem das Augenmerk von Qualitäten auf Quantitäten, von Werten auf Preise verlagert wird. So kann, wie bei Punktebewertungen, jeder mitreden, ohne sich weiter mit den Gegenständen und ihrer Güte zu befassen.

Natürlich hat der Hinweis auf Preise seine Berechtigung: Wenn sich jemand etwas tatsächlich nicht erlauben kann, wenn ein Preis-Qualitäts-Verhältnis nicht stimmt – und auch, um darauf aufmerksam zu machen, dass sich ein politisches Ziel wie nachhaltige Entwicklung nicht allein durch das Kaufverhalten von Individuen erreichen lässt. Aber das sind konkrete Fälle, in denen über die Sache des guten Lebens gestritten wird. „Haben-Signalling" und „Geizgeilheit" hingegen wirken in die entgegengesetzte Richtung: Sie unterlaufen die Beschäftigung mit Qualität und verweisen stattdessen auf das Quantitative, den Tauschwert, die Menge Geldes, welche, in den Worten Georg Simmels, „alle Qualität und Eigenart auf die Frage nach dem bloßen Wieviel nivelliert". Qualitätswirtschaft hingegen ist diejenige Form der Marktwirtschaft, in der das Geld nicht das letzte Wort hat, sondern wo im Rahmen des Ökonomischen eine Verständigung über Werte stattfindet. Damit sei nicht behauptet, dass alles Teil einer Marktlogik werden soll (es gibt weiterhin Unveräußerliches), sondern vielmehr, dass eine neue, das Produkt ins Zentrum stellende Sicht auf Preise es erlaubt, Qualitäten Beachtung zu schenken und überraschende Spielräume zu gewinnen, die auch weniger Betuchten Zugänge zu einem ‚guten Leben' erlauben.

PREIS UND WERT

Um Missverständnissen vorzubeugen: Man braucht Geld, um sich gut gemachte Dinge kaufen zu können. Zwar kostet nicht alles, was dem Leben Wert gibt, auch Geld, und bisweilen bekommt man hochwertige Dinge geschenkt, doch im Allgemeinen führt kein Weg an der Einsicht vorbei, dass Qualitätserzeugnisse wie jede andere Ware auch ihren Preis haben. Das liegt daran, dass sie ihre Erzeugerinnen ihrerseits Geld kosten, Arbeit, Zeit, Wissen und Können in ihnen steckt und – ob es einem nun gefällt oder nicht – Geld in der modernen Welt dasjenige Medium ist, welches den Warentausch regelt. Gleichwohl ist das Verhältnis von Preis und Wert vielschichtiger, als dessen simple Gleichsetzung es behauptet.

Ist der Preis ein Qualitätsindikator? Intuitiv erwarten wir von einem höherpreisigen Artikel eine bessere Qualität als von einem billigen. Es verärgert, wenn ein Produkt nichts taugt. Es verärgert mehr, wenn ein teures Produkt nichts taugt. Doch leider ist ein stolzer Preis eher ein Qualitätsversprechen als eine Qualitätsgarantie, wie zahlreiche Beispiele aus der Luxusgüterindustrie belegen. Ich erinnere mich beispielsweise an die Kleingeldbörse einer für ihr Saffianleder berühmten italienischen Luxusmarke, bei der sich bereits nach kurzem Gebrauch die hauchdünne Lederschicht löste und eine billige Plastikkonstruktion zum Vorschein kam. Sollte also ein hoher Preis gar kein Qualitätsgarant sein?

Der Verdacht gilt nicht nur für die Luxusbranche. Eine vergleichende Betrachtung des Haushalts- und Konsumökonomen Heiner Imkamp kam zu einem eindeutigen Ergebnis: „Mehr als 40 verschiedene Studien haben über einen Zeitraum von mehr als 60 Jahren hinweg auf Konsumgütermärkten erstaunlich niedrige Preis-Qualitäts-Korrelationen erbracht." Mit anderen Worten: Von einem höheren Produktpreis kann man nicht zuverlässig auf höhere Qualität schließen. Der Preis, resümiert Imkamp, sei vielmehr ein Knappheitsindikator. Ähnlich argumentiert Birger Priddat, wenn er in seiner *Economics of persuasion* Preise mit „Knappheiten der Zugänge" in Verbindung bringt und von Werten entkoppelt. Die Alltagserfahrung deckt sich mit diesem Befund: Software oder Industrieprodukte müssen in hervorragender Qualität nicht teuer sein, weil sie ohne Qualitätsverlust in großer Zahl reproduziert werden können. In kleinen Mengen verfügbare, aufwendig hergestellte Erzeugnisse oder Einzelanfertigungen hingegen, aber auch individuelle Beratung durch hochqualifizierte Expertinnen haben ihren Preis. Was rar und gefragt ist, ist nicht für jeden erschwinglich. Dessen Erwerb setzt disponibles Einkommen oder Vermögen voraus. Raritäten kommen unter Umständen nicht einmal auf den Markt, sondern werden nur an ausgewählte Kundinnen abgegeben, eventuell gibt es Wartelisten oder Auktionen. Aber das bedeutet weder, dass alle Raritäten von exzellenter Qualität sind, noch dass Qualität lediglich Privilegierten offen steht, denn sie ist nicht in jedem Fall knapp. Nur wenn ein Gut sowohl hochwertig als auch selten und gefragt ist, gilt der Satz, dass man sich Qualität nun einmal leisten können muss.

Aus qualitätswirtschaftlicher Sicht spielen bei der Beurteilung von Preisen drei Faktoren eine Rolle: das Preis-Qualitäts-Verhältnis, der Zeithorizont, auf den hin ein Preis berechnet wird, und – beim erweiterten Qualitätsverständnis – die Frage, ob ein Preis sogenannte Externalitäten (wie den ökologischen Fußabdruck eines Produktes) einbezieht. Letztlich geht es darum, die Richtung umzukehren und nicht bei den Preisen zu beginnen, um dann unter Umständen gar nicht mehr beim Produkt anzukommen, sondern vom Produkt auszugehen, sich mit dessen Qualitäten zu befassen und von dort aus über einen angemessenen Preis nachzudenken.

Gehen wir die drei Faktoren einmal im Einzelnen durch. Faktor 1: das Preis-Qualitäts-Verhältnis. In einem rein funktionalen, gleichsam vorästhetischen Qualitätsverständnis wird es als Preis-Leistungs-Verhältnis bezeichnet, im kulinarischen Bereich oft als Preis-Genuss-Verhältnis. Zahlreiche Kombinationen sind denkbar: Qualität kann überteuert sein, weil gleichwertige Dinge für weniger Geld angeboten werden. Sie kann ein Schnäppchen sein, weil man zum Beispiel ein unverändert hochwertiges Kleidungsstück aus der letzten Saison zu einem reduzierten Preis kauft oder einen erstklassigen Wein, den die Kritik noch nicht beachtet hat. Ein Preis kann seine Berechtigung haben, weil ein Produkt aus raren Materialien besteht oder in ihm ein hoher Aufwand steckt. Man kann für eine gelungene Form mehr

> Nur wenn ein Gut sowohl hochwertig als auch selten und gefragt ist, gilt der Satz, dass man sich Qualität nun einmal leisten können muss.

bezahlen, wenn man die Dinge nicht nur nach ihrem funktionalen Nutzen beurteilt. Und man kann für ein besonderes Erlebnis mehr ausgeben, zum Beispiel weil es in einem guten Lokal nicht vornehmlich darum geht, satt zu werden. Die Beschäftigung mit den Dingen rechnet sich: Es gibt Marken, die zwar gelungene, aber auch nicht gerade überragende Dinge mit Status aufladen und dann exorbitante Preise dafür verlangen. Ebenso gibt es vermeintlich Günstiges, zum Beispiel Restaurants, die in Wahrheit teuer sind, weil sie mit minderwertigem Wareneinsatz hohe Margen erzielen, und vermeintlich Teures, zum Beispiel Spitzenküche, die durch einen Hotelbetrieb querfinanziert wird. Auf der anderen Seite hat sich längst ein Markt herausgebildet, in dem qualitätsaffinen Kunden mit den ‚richtigen' Signalen, aber durchschnittlichen Waren das Geld aus der Tasche gezogen wird. So bleibt, neben persönlichen Preisschwellen, wieder einmal nur eines: die Auseinandersetzung mit den Dingen.

Faktor 2: Zeit. Reine Preisorientierung wird sowohl beim Kauf überteuerter als auch beim Kauf zu billiger Produkte bestraft, da die billigen bald ersetzt werden müssen und in der Summe teurer werden als der einmalige Kauf von etwas Haltbarem. Es ist also durchaus ökonomisch, Teureres zu kaufen, wenn man den Zeithorizont einpreist. Hierzu zählt auch das Bedenken eines möglichen Wiederverkaufswerts (falls sich der Geschmack, die Lebensumstände oder die Bedürfnisse ändern) oder sogar der Gedanke daran, einen Gegenstand zu vererben. Die Idee, dass Billiges sich als teuer herausstellen kann, findet ihren klassischen Ausdruck in einem John Ruskin zugeschriebenen Zitat: „Es gibt kaum etwas auf dieser Welt, das nicht irgend jemand ein wenig schlechter machen und etwas billiger verkaufen könnte, und die Menschen, die sich nur am Preis orientieren, werden die gerechte Beute solcher Machenschaften. Es ist unklug, zu viel zu bezahlen, aber es ist noch schlechter, zu wenig zu bezahlen. Wenn Sie zu viel bezahlen, verlieren Sie etwas Geld. Das ist alles. Wenn Sie dagegen zu wenig bezahlen, verlieren Sie manchmal alles, da der gekaufte Gegenstand die ihm zugedachte Aufgabe nicht erfüllen kann.“ Eine Variante dieser Gedanken ist der Ausspruch, man habe nicht genug Geld, um sich billige Sachen leisten zu können. Die Umkehrung bringt das folgende, vielen Urhebern zugeschriebene und in diversen Varianten kursierende Bonmot auf den Punkt: „The quality will remain long after the price is forgotten.“

Faktor 3: der ‚wahre‘ Preis. Welchen Preis man für berechtigt hält, hängt auch davon ab, ob der Betrachtung ein enges oder ein weites Qualitätsverständnis zugrunde liegt. Denn beim erweiterten müssen die sogenannten externalisierten Kosten eingerechnet werden, wodurch sich Produkte zwangsläufig verteuern. Es geht dabei um jene Kosten, die durch einen Kauf verursacht, aber auf die Allgemeinheit abgewälzt werden. Diese Kosten zahlen andere: die Behandlung gesundheitlicher Schäden, die bei der Billigproduktion in anderen Ländern entstehen oder die Reparatur ökologischer Kollateraleffekte durch künftige Generationen. Das sogenannte *True Cost Accounting* errechnet die „wahren“ oder „gerechten“ Preise, indem es fragt: Wer zahlt, wenn etwas billig ist? Wie hoch müsste der Preis sein, wenn die sozialökologischen Kosten eingerechnet wären (sofern eine Kompensation der Schäden überhaupt eine gute Idee ist und nicht vielmehr andere Wertschöpfungsformen oder Verzicht vorzuziehen wären)? Experten zufolge läge der Verteuerungsfaktor beispielsweise bei Fleisch zwischen dem Drei- bis Fünffachen. Volkswirte machen zudem darauf aufmerksam, dass nicht nur andernorts, sondern irgendwann auch vor Ort die Rechnung kommt, wenn sich die Preisspirale weiter und weiter nach unten dreht und ein Land mit Billigmentalität am eigenen Ast sägt. Meinhard Miegel bringt den Befund in seinem Buch *Epochenwende* auf den Punkt: „Die Konsumenten in den frühindustrialisierten Ländern sind sich als Produzenten zu teuer. Die hohen Arbeitskosten, die sie verursachen, wollen sie in den Preisen der von ihnen bereitgestellten Waren und Dienstleistungen nicht wiederfinden. Sie erwarten hohe Löhne und hohe Sozialleistungen, aber in den Geschäften billige Angebote. Auf Dauer kann das nicht zusammengehen – und es geht nicht zusammen.“ Der ehemalige Geschäftsführer des Versand- und Warenhauses Manufactum, Uli Burchardt, wird noch deutlicher: „Das Prinzip ‚Preis über alles‘ ist pure Zerstörung. Das müssen wir endlich verstehen. Es zerstört die gewachsenen Produktionsstrukturen (...) es zwingt die Hersteller dazu, in Ländern einzukaufen, in denen so produziert wird wie bei uns vor hundert Jahren (...) Alles, was wir uns an Arbeitsbedingungen, Prozessen, Know-how und Strukturen über Jahrhunderte erarbeitet haben, werfen wir weg für ein paar gesparte Cent hier und da.“

WAS IN EINEN PREIS EINGEHT

Müssen also qualitätvolle Dinge doch teuer sein, wenigstens dann, wenn man sie von einer ‚people & planet' einbeziehenden Sicht her betrachtet? Ein paar Gründe, warum sich die Sache – zum Glück – nicht ganz so eindimensional verhält, hatte ich bereits angeführt. So gibt es Güter, die ohne Qualitätsverlust in großer Stückzahl hergestellt werden können, zum Beispiel Software, bei deren Preis im Sinne des erweiterten Qualitätsverständnisses lediglich der durch die Server verursachte Energieverbrauch eingerechnet werden müsste. Sodann relativieren sich Ausgaben, wenn man sie über einen längeren Zeitraum hinweg betrachtet. So gesehen, sind hochwertige Dinge zwar in absoluten Zahlen teuer, durch ihre längere Haltbarkeit, aber letztlich günstiger als eine Reihe vermeintlich preiswerter, rasch weggeworfener Gegenstände, die man immer wieder ersetzt.

Will man die Angemessenheit eines Preises, das Preis-Qualitäts-Verhältnis beurteilen, gibt letztlich einmal mehr das einzelne Ding den Ausschlag. Man muss wissen, wie sich ein Preis zusammensetzt, woran gespart wurde, was besonders viel kostete, mit welcher Lebensdauer man rechnen kann und welche sozialökologischen Kosten anfallen. Aus diesem Grund gehen mehr und mehr Unternehmen der neuen Qualitätswirtschaft dazu über, die Zusammensetzung ihrer Preise transparent zu machen. Damit rücken die Anbieter globale Wertschöpfungsketten in das Bewusstsein ihrer Kunden, wie sie bislang eher von Journalistinnen nachgezeichnet wurden. So reiste der Reporter Wolfgang Uchatius bereits 2010 dem weltumspannenden Weg eines Billig-T-Shirts nach und zeigte auf, wie dessen Preis mit Baumwoll-Subventionen in den USA, dem Fassungsvermögen eines

Containerschiffes und der Fähigkeit einer Näherin in Dhaka zu tun hat, sich das Wassertrinken und den Toilettengang zu verkneifen, weil sie nur so die 250 pro Stunde vorgegebenen T-Shirts abliefern kann. Produzentinnen, die keine solchen Verhältnisse zu verstecken haben, werben seit einigen Jahren mit teilweise sehr detaillierten „breakdowns“ ihrer Preise, bis hin zum Offenlegen der Marge (die im Modebereich durchaus zwei Drittel des Ladenpreises betragen kann). Natürlich sollten auch solche Aufstellungen kritisch überprüft werden, aber sie sind ein Schritt zu einem Preisdenken, das von einer weit gefassten Qualitätsidee seinen Ausgang nimmt.

Bei der Preiszusammensetzung spielen selbstverständlich nicht nur qualitätsrelevante Faktoren eine Rolle. Preise enthalten auch Steuern, Verwaltungs- und Personalkosten, Transport, Mieten, Handelsspannen, Marketing und dergleichen mehr, aber auch Kosten, die überhaupt erst zu bestimmten Produkten führen, wie Entwicklung und Forschung sowie Investitionen in Maschinen und Werkzeuge zu deren Herstellung. Insofern wäre es unfair, lediglich die Produktion im engeren Sinn in Betracht zu ziehen. Dennoch öffnet ein Blick darauf die Augen. Bringt eine große Modemarke ein neues Parfüm heraus, kostet der Duft selbst gerade einmal ein bis zwei Prozent des Millionenbudgets, während wenigstens 25 Prozent ins Marketing gehen, wie das Magazin *Fantastic Man* in einer faktenreichen Reportage berichtete. Von einem hochwertigen Hemd, das in Deutschland 100 Euro kostet, erhält eine Näherin in Vietnam nach einer bereits einige Jahre zurückliegenden Recherche der *Frankfurter Allgemeinen Sonntagszeitung* weniger als einen Euro. Dem renommierten Branchenanalysten Horace Dediu zufolge beträgt der Anteil der Arbeitskosten bei der Fabrikation eines iPhones maximal fünf Prozent, was nach Dedius Recherchen immer noch doppelt bis dreimal so viel ist wie bei den Konkurrenzprodukten, die nicht von Apple stammen.

Je nach Herstellungsstandort und Erzeugnis können Fertigungskosten aber auch einen hohen Anteil am Preis haben: Maßanzüge, die in Londons Savile Row mehrere Anproben und bis zu 60 Arbeitsstunden spezialisierter Handwerker in Anspruch nehmen; Schweizer Armbanduhren, zu deren Fertigung mehrere Hundert Arbeitsstunden hochqualifizierter Uhrmacher erforderlich sind, oder erstklassige Musikinstrumente wie ein Steinway-Flügel können nicht billig sein. Aber das sind Sonderfälle. Für den Alltag interessanter ist ein Blick auf Lebensmittel. Vor allem beim Fleisch herrschen vollkommen verzerrte Vorstellungen, die zu einem skandalösen Preisgefüge führen. Dabei ist die Sache ganz einfach: Hähnchen zum Beispiel, die mehr Auslauf haben, fressen auch mehr, und das kostet. Leben sie, wie auf Demeter-Höfen, zwölf statt nur vier Wochen, müssen sie länger mit teurem Biofutter versorgt werden. Also kann das Fleisch nicht zu Discounterpreisen verkauft werden.

Beim Wein sollte man wissen, dass sich ein Weinpreis aus zahlreichen Komponenten zusammensetzt, darunter Bepflanzung, Weinbergspflege, Lese, Ausbau, Abfüllung, Flasche, Korken, Kapsel, Etikett, Karton, Vermarktung und Steuer. Kostendeckung ist deshalb unterhalb eines Preises von etwa fünf Euro pro Flasche kaum möglich. Ambitionierte Winzerinnen beschneiden jedoch ihre Rebstöcke, damit die Trauben besser reifen und mehr Aroma bekommen. Sie lesen, teils in schwer zugänglichen Steillagen, aufwendig von Hand und wählen rigoros nur die besten Trauben aus. Ihre Erträge sind also viel geringer als bei industriell arbeitenden Weinproduzenten. Ein 225-Liter-Fass aus französischer Eiche kostet einen vierstelligen Betrag, und die Weine lagern lange, das heißt, sie binden Kapital. Deshalb ist der Herstellungspreis eines handwerklich gemachten, charaktervollen Weins deutlich höher. Selbst bei den besten liegen die reinen Produktionskosten jedoch selten über 20 Euro. Lohnt es sich also, beispielsweise für eine Flasche Chateau Clos de la Vieille Eglise 59 Euro auszugeben oder 499 Euro für einen Shafer Hillside Select? Nun, wenn Ihnen der Genuss diesen Preis wert ist, warum nicht? Auf der anderen Seite muss man nicht so tief in die Tasche greifen, um erstklassige Weine trinken zu können. Der Bremer Händler Heiner Lobenberg bringt dafür gern einen Vergleich zwischen den Gütern Château Cheval Blanc und Château Jean Faure an, beide aus Saint Émilion im Bordelais: „Sie liegen exakt auf dem gleichen Plateau, einem Terroir mit relativ hohem Kiesanteil, und sie keltern ihre Weine praktisch unter identischen Bedingungen zu 95 Prozent aus den gleichen Rebsorten. Aber der Cheval Blanc kostet mehr als 700 Euro je Flasche, der Jean Faure etwa 40 Euro." Der beste Weg, den Prestigefaktor auszuschalten, sind Blindverkostungen, bei denen die Testerinnen sagen, wie viel sie für eine Flasche ausgeben würden und dann mit dem tatsächlichen Preis vergleichen. Würde ein Tester 20 Euro ausgeben, der Wein kostet aber 40 Euro, dann betrüge das Genuss-Preis-Verhältnis 50 Prozent. Die Ergebnisse solcher Tests überraschen immer wieder. Probieren Sie es in Ihrem Freundeskreis einmal selbst aus!

WAS MAN FÜR GELD (NICHT) KAUFEN KANN

Zum guten Leben zählen Dinge, die man für Geld nicht kaufen kann, beispielsweise Sinnerfahrung und die Zuneigung anderer Menschen. *Innerhalb* des Ökonomischen aber ist die Qualitätswirtschaft derjenige Bereich, der einer einseitig auf Preise fixierten Konsumkultur etwas entgegensetzt. Brächten mehr Menschen dem Wert der Dinge eine ähnliche Sensibilität gegenüber wie ihrem Preis, wir lebten in einer anderen Welt. Denn die Priorisierung niedriger Preise erzieht zum Bevorzugen minderwertiger Ware und zu geringer Wertschätzung des Gekauften. Sie gewöhnt an das Schlechte, höhlt Standards aus und diskreditiert Anspruchsvolleres als abgehoben. Jürgen Dollase, der Gastronomiekritiker, drückt es in seinem Text „Elitenversagen" so aus: „Wer gute Erzeuger, gute Produkte und gute Küchen, die sie zu bestechend guten Speisen verarbeiten, am liebsten – und oft genug wider besseres Wissen – ausschließlich als Lifestyle-Zickigkeiten oder gar Luxus denunziert, macht sich der Demontage eines in vielen Details ausgesprochen solide und vernünftig entwickelten Wertsystems schuldig. Er treibt die desorientierten Kunden in letzter Konsequenz an das untere Ende der Preisspirale, wo sie dann so ‚vernünftig' sind, vielerlei Manipulationen und Massentierhaltung zu unterstützen." Der berüchtigte Vergleich, nach dem das Gros der Deutschen mehr Geld für Motorenöl als für Speiseöl ausgibt, hierzulande Hackfleisch billiger ist als Katzenfutter und Industriepizza selbst gemachter sogar dann vorgezogen wird, wenn Letztere weniger kostet, gibt ein Gefühl für die Schlagseite des Diskussion. „Wir kaufen ein Auto für 50 000 Euro und parken damit auf dem Parkplatz vor dem Lidl-Aldi-Penny-Netto. Und wir kaufen dort wässrige Tomaten dürftiger Qualität, die 2000 Kilometer entfernt im spanischen Almería auf Nährsubstrat im Monstergewächshaus gezogen und von bettelarmen, marokkanischen Tagelöhnern ohne Aufenthaltserlaubnis geerntet worden sind", empört sich Uli Burchardt.

Ein bewussteres Verhältnis zu Wert und Preis entwickelt sich, das viele Varianten kennt, die keineswegs nur Wohlbetuchten offen stehen.

Die gute Nachricht ist, dass immer mehr Menschen damit aufhören, sich miserable oder mediokre Angebote schönzureden, es genauer wissen wollen, sich den Weg zu einem besseren Leben nicht von vornherein mit Preisfetischismus verbauen und beginnen, lieber weniger, aber besser zu kaufen und überragende Qualität selbst dann wahrzunehmen und anzuerkennen, wenn sie preislich außerhalb der eigenen Reichweite liegt. Sie fragen nicht: Kann ein T-Shirt zwei Euro und 99 Cent kosten? Sondern: Warum sollte es das? Was sagt es über eine Kultur aus, wenn in einem der reichsten Länder der Erde solche Preise als Errungenschaft angesehen werden? Ein bewussteres Verhältnis zu Wert und Preis entwickelt sich, das viele Varianten kennt, die keineswegs nur Wohlbetuchten offen stehen. Es kann die Verlagerung der eigenen Ausgaben von teuren Fahrzeugen oder Fernreisen auf bessere Lebensmittel bedeuten, das Einpreisen der Lebensdauer materieller Güter bei einer Kaufentscheidung oder das Kultivieren des Besten in einem ausgewählten Bereich, bei gleichzeitiger Sparsamkeit in anderen, solange die finanziellen Verhältnisse nicht mehr zulassen.

Hohe Preise zwingen zum Nachdenken über eine Anschaffung. Sie können auch in einer Qualitätswirtschaft durchaus zu dem Schluss führen, dass man etwas Exzellentes nicht kauft, zum Beispiel weil man bereits Ähnliches von ordentlicher Qualität besitzt, gemeinschaftliche Nutzungsformen (wie etwa das Carsharing) vorzieht oder weil man einen Preis mit Blick auf die Wohlstandsverteilung in der Welt schlichtweg für obszön hält, so gut gemacht das Objekt der Begierde auch sein mag.

Im Kauf ebenso hochpreisiger wie hochwertiger Dinge steckt ein kleiner Triumph über die Herrschaft des Geldes, drückt sich darin doch aus, dass es Wichtigeres im Leben gibt als ökonomische Kalküle. „Auf dem Markt des Besonderen sind die Qualitäten für den Verbraucher wichtiger als die Preise“, schreibt Lucien Karpik in seinem Buch *Mehr Wert*. Insofern kennt die Qualitätswirtschaft ihren eigenen Exzess: eine Verausgabung, die nicht quantitative Vergeudung ist, sondern die verschwenderische Feier des Feinen, ein vorübergehendes Über-die-Verhältnisse-Leben, das sich Besseres gönnt, als es das Budget eigentlich zulässt, weil sie weiß, dass das momenthafte Außerkraftsetzen ökonomischer Berechnung etwas von dem aufscheinen lässt, was man für Geld nicht kaufen kann: das Leben.

DAS EINMALEINS DER QUALITÄT

Wie das letzte Kapitel schließt auch dieses mit einem kleinen Werkzeugkasten für den Alltag. Er kann vor allem dann von Nutzen sein, wenn zwischen dem Wunsch nach Qualität und dem verfügbaren Geld ein Missverhältnis besteht. Und seien wir ehrlich, bei wem wäre das nicht der Fall?

Wie beim für eine Qualitätsrecherche veranschlagten Zeitaufwand, lautet auch beim Preis der allgemeinste Rat: Je bedeutsamer eine Anschaffung, desto weniger sollte der Preis den Ausschlag geben. Sodann spielt, wie gesagt, der zeitliche Horizont eine entscheidende Rolle. Auf mehrere Jahre gesehen rechnet sich Qualität, sogar wenn man mögliche Wartungs- und Reparaturkosten einbezieht, in der Regel mehr als eine Ansammlung kurzlebiger Impulskäufe. Die Lust auf Neues findet in diesem Kalkül freilich keine Beachtung. Was das Timing angeht, so zeigt sich eine interessante Ambivalenz zwischen Warten und Entschlossenheit. Auf der einen Seite kann das längere Hinsparen auf einen teuren Gegenstand die Vorfreude steigern oder aber dazu führen, dass er sich im Zuge des Wartens als gar nicht mehr so wichtig herausstellt und man lieber verzichtet. Auf der anderen Seite empfiehlt es sich, falls einem per Zufall ein perfektes Produkt begegnet, selbst dann zuzugreifen, wenn man ein Objekt dieser Art gerade gar nicht braucht. Denn oft hat sich das Angebot später, wenn der Bedarf besteht, zum Schlechteren verändert, ein Produkt ist teurer geworden oder gar nicht mehr verfügbar.

Weniger, aber besser: In der Leitmaxime aller Qualitätsenthusiasten steckt auch ein Anhaltspunkt für den Umgang mit hohen Preisen.

Warum nicht, wenn das Geld knapp ist, einen Lebensbereich (zum Beispiel die Ernährung) als ‚Qualitätsinsel' auswählen, anstatt in sämtlichen Domänen lediglich das Mittelmaß zu pflegen? So hat man wenigstens teilweise Zugang zum Hochwertigen. Bei Lebensmitteln ist es zwar kaum möglich, auf langlebige Produkte zu setzen, da diese ja verzehrt werden (eher ist es ein Qualitätsmerkmal, wenn sie frisch sind und nicht künstlich konserviert). Was den Besuch besonderer Restaurants oder auch den Genuss großer Weine betrifft, so lässt sich aber immerhin argumentieren, dass der Qualitätseffekt besonders nachhaltig ist, weil man sich noch lange lebhaft an das Ereignis erinnert. Und ist das Geld nicht in nachwirkenden Erfahrungen viel besser angelegt als in einem weiteren Ding, das am Ende kaum je Beachtung findet?

Der überraschendste Tipp meiner kleinen Toolbox liegt vermutlich darin, dass es auch auf Qualitätsmärkten Schnäppchen geben kann. Hierzu zählen kleinere Weine großer Güter aus hervorragenden Jahrgängen, Sonderabfüllungen besonders guter Fässer für profilierte Händler, die Mittagsmenüs besternter Restaurants oder deren Zweitlokale, Second-Season-Kleidung sowie Eigenprodukte der Hersteller von Qualitätsmarken und wohlkuratierter Läden.

Ein letzter Kniff, der selbst sehr schmalen Geldbeuteln eine Teilhabe am Besten ermöglicht und das Qualitätsgefühl schult, liegt im Erwerb von Unübertroffenem, dessen absoluter Preis einen bestimmten Betrag (z. B. 10 Euro) nicht übersteigt. Die Kunst bestehet darin, die verkraftbare Summe nicht in Relation zu günstigeren Produkten zu setzen, sondern sie zu vergessen und sich ganz auf das Qualitätserlebnis zu konzentrieren. Dabei wird es sich in Anbetracht der Preisschwelle zumeist um kulinarische Dinge handeln: hervorragender Espresso, handgefertigtes Eis, Single-Origin-Schokolade, erstklassige

Piemonteser Haselnüsse wie die von Papa dei Boschi, gut gemachtes Streetfood. Aber auch feine Papiere, ein perfekter Bleistift, die bruchfesten Bistrogläser von Duralex aus Frankreich oder die Misura-Karaffen von Bormioli Rocco aus Italien fallen in diese Kategorie. Einige der besten Designer unserer Zeit sammeln solche Objekte zur eigenen Inspiration. So zeigte das Londoner Designmuseum erstmals 1999 die „Under a Fiver Collection" von Sam Hecht und Kim Colin, die das international erfolgreiche Büro Industrial Facility betreiben. Blättert man im Katalog, erledigt sich Vorstellung, Qualität sei etwas Elitäres, ganz von alleine.

Warum nicht, wenn das Geld knapp ist, einen Lebensbereich (zum Beispiel die Ernährung) als ‚Qualitätsinsel' auswählen, anstatt in sämtlichen Domänen lediglich das Mittelmaß zu pflegen?

KAPITEL 6

Was lange währt. Qualität und Zeit

„An Reflexionen über die Zeit fehlt es in den Büchern zum Qualitätsmanagement“, bedauert der Herausgeber des einschlägigen Lexikons zu diesem Thema, Hans-Dieter Zollondz. „Doch das Wort ‚Zeit‘ kommt im Qualitätsmanagement ständig (...) vor“, fügt er hinzu: „Das wundert auch nicht, denn schließlich ist Zeit ein Grundfaktor des Lebens schlechthin.“ Auch in diesem Buch spielte die Zeit bereits in mehreren Kapiteln eine Rolle: bei der Entkopplung von Qualität und Nostalgie ebenso wie beim Einbezug des Zeitfaktors in die Einschätzung von Preisen. Dieses Kapitel beschäftigt sich intensiver mit der faszinierenden Temporalität des gut Gemachten.

QUALITÄT KOSTET ZEIT

Qualität beansprucht Zeit, bei der Herstellung ebenso wie in der Recherche und beim Genuss. Deshalb wird sie, wie etwa von der *Slow-Food*-Bewegung, gern mit Entschleunigung verbunden. Allerdings ist Langsamkeit an sich noch kein Garant guter Qualität. Ein Barista kann eine gefühlte Ewigkeit brauchen, bis der Espresso fertig ist, und dennoch fehlt es der Tasse an einer Crema und dichten Aromen. Auf der anderen Seite kann Qualität nicht erreicht werden, wenn man sich nicht die Zeit nimmt, die es nun einmal braucht, um Dinge so gut zu machen, wie es geht, so lange auf sie zu warten, bis ein Optimum möglich ist, und sie so sehr zu würdigen, wie sie es verdienen. Zudem kann es sehr viel Geduld erfordern, bis Hochwertiges Anerkennung findet. Der Spruch „Qualität setzt sich durch“ drückt die Überzeugung aus, dass sich ein langer Atem letztendlich auszahlt.

Qualität kostet produktionsseitig Zeit. Man macht sich selten klar, wie voraussetzungsvoll viele gut gemachte Dinge sind. Das dazu erforderliche Wissen und Können und die damit verbundene Kultur sind unter Umständen über Jahrhunderte gewachsen und weitergegeben worden. Ein schönes Beispiel gibt eine Anekdote, die der Winzer Stephan Graf von Neipperg gern zum Besten gibt: „Das Wichtigste sind die Lage der Weinberge und die Pflanzungen, dann kommen die Spezialisten, die Weinmacher. Aber auch die können aus einer schlechten Lage und Reben keinen großen Wein machen – schon gar nicht, wenn die Reben erst ein paar Jahre alt sind. Die Zeit spielt eine enorme Rolle. Pierre Lurton von Château Cheval Blanc hat mal zu mir gesagt: ‚Weißt du, Stephan, es sind nur die ersten 200 Jahre, die kompliziert sind.‘ Das hat mich dann natürlich enorm beruhigt.“

Auf wirklich hohem Niveau produzierende Betriebe profitieren also nicht selten von einem sehr langen Vorlauf – und lassen sich entsprechend Zeit. Man denke an die Schmiedekunst in Japan oder in Solingen, wo zur Herstellung eines Brotmessers bis zu 50 hochspezialisierte Arbeitsgänge veranschlagt werden. Ähnlich verhält es sich mit Unternehmen, die Leder verarbeiten. Als Jean-Louis Dumas, der langjährige Präsident des französischen Luxushauses Hermès, die Geschäfte an seinen Nachfolger Patrick Thomas übergab, bat er diesen, ein halbes Jahr lang keine Entscheidungen zu treffen. Thomas sollte erst einmal die Produktionsstätten besuchen, die Kultur der *Maison* verinnerlichen und die Mitarbeiterinnen kennenlernen. Als der deutsche Designer Tomas Maier die Kreativdirektion der damals weithin unbekannten Lederwarenmarke Bottega Veneta übernahm, machte er es zur Bedingung, im ersten Jahr seiner Tätigkeit keine Interviews zu geben und keine Anzeigenkampagnen zu lancieren. Maier wollte zuerst die Werkstätten erkunden und in die Archive gehen, um die Marke aus ihrem handwerklichen Kern heraus neu aufzustellen.

Der Erwerb von Wissen, die Aneignung einer Fertigkeit und das Ausbilden von Geschick sind zeitaufwendig. Niemand wird über Nacht zur Könnerin. Man braucht Durchhaltevermögen, weil eintönige Abschnitte, Rückschläge und Beschränkungen überwunden und genutzt werden müssen. Um Meisterschaft zu erlangen, sind „Wiederholung und langsame Revision", die „Arbeit *mit* dem Widerstand" sowie ein zeitweiliger „Aufschub des Wunsches nach einem Abschluss" erforderlich, wie Richard Sennett es in seinem Buch über das Handwerk treffend bemerkt. „Die Praxis", fügt er hinzu, „prägt sich dem Körper ein und macht die Fähigkeit zu unserer eigenen. Die langsame Zeit des Handwerks ermöglicht auch die Arbeit der Reflexion und der Phantasie – der Drang nach raschen Ergebnissen vermag das nicht. Reifung bedeutet auch Dauerhaftigkeit: Wir werden dauerhaft zum Besitzer der Fertigkeit."

Gut Ding will Weile haben. Gärten entfalten erst mit den Jahren ihre ganze Pracht. Nicht nur das Erlernen, auch das Ausüben einer Fertigkeit kostet Zeit. Ein gelungenes Ergebnis können selbst Meister nicht erzwingen. „Wenn etwas länger dauert als erwartet, höre auf, dagegen zu kämpfen!", schreibt Sennett. Diese Einsicht gilt nicht nur für das Herstellen der Dinge, sondern auch für deren Konzeption und das Durchdenken eines Entwurfs. „Lasst uns langsam arbeiten, wir haben nicht viel Zeit", soll der Regisseur Fritz Kortner bei Theaterproben gesagt haben. Denn nachlässiges, überstürztes Vorgehen erzwingt unergiebige Neuanläufe, die am Ende länger dauern als konzentriertes, kontinuierliches Arbeiten.

Erst wenn die Dinge reifen, wird Meisterschaft möglich. Der japanische Autor Tanizaki Jun'ichiro verfasste 1933 eine Schrift mit dem Titel *Geidan*. Sie erschien einige Monate vor seinem berühmten Essay *Lob des Schattens*. *Gei* bedeutet „in langer Übung erworbene

Fähigkeit". In deutscher Übersetzung kam der Text unter dem Titel *Lob der Meisterschaft* heraus. Jun'ichiro definiert Meisterschaft darin als „diese Patina, die sich bei langjährigem, unermüdlichem Polieren ergibt". Trotz oder gerade wegen der damit verbundenen Mühe wirkt wahre Virtuosität unangestrengt. Sie lässt keine Absicht mehr erkennen und muss nichts unter Beweis stellen.

Auf der viel prosaischeren Ebene der Alltagsdinge spielt der Zeitfaktor für die Erzeugung von Qualität ebenfalls eine enorme Rolle, etwa bei der Reife von Obst oder dem richtigen Timing bei der Weinlese. Der Safterzeuger Peter van Nahmen erzählte mir, dass seine Familienkelterei ein Aufpreissystem entwickelt hat, das die Anlieferung hochwertiger Äpfel honoriert: „Je höher der Reifegrad, desto mehr bezahlen wir. Faule und unreife Exemplare sortieren wir von Hand aus. Da das Obst aus der Region stammt, sind Lieferweg und Lagerungszeit kurz. So können wir die zur besten Reifezeit geernteten Früchte genau dann vermosten, wenn der Saft am intensivsten schmeckt." Gerade bei den elementarsten Lebensmitteln hängt die Qualität von der Zeit ab, die sich die Produzenten nehmen. So sollte etwa der Teig eines simplen Sauerteigbrotes vor dem Backen 24 Stunden fermentieren und dann sechs Stunden ruhen, weil die Teigführung beschleunigende Triebmittel die Frischhaltung und den Charakter eines Brotes beeinträchtigen. Butter bekommt durch die Verwendung von Rohmilch und die Zubereitung im Holzfass Ausdruck und Aromenfülle. Eine solche handwerkliche Herstellung dauert dem bretonischen Butterexperten Jean-Yves Bordier zufolge jedoch drei Tage, während industriell arbeitende Großmolkereien nur etwa sechs Stunden dafür veranschlagen. Auch Käse muss reifen, ein guter Rohmilchparmesan beispielsweise zwei oder mehr Jahre. Und Tiere, die in kürzester Zeit auf ein Schlachtgewicht hochgezüchtet werden, ergeben keine gute Fleischqualität. Wachsen sie hingegen langsam auf, setzen sie mehr Körperfett an, und ihr Fleisch wird kräftiger im Geschmack. Große Weine oder schottischer Single Malt Whisky schließlich reifen sogar jahrelang in Fässern, bevor sie verkauft werden. Ist es nicht wunderbar zu wissen, dass das Getränk, das Sie gleich genießen werden, ein Dutzend Jahre lagerte, bevor es zu Ihnen kam?

Wo es um die Herstellung langlebigerer Güter geht, erfordert handwerkliche Arbeit ebenfalls einiges an Zeit. Rahmengenähte Schuhe sind dafür ein gutes Beispiel. Allein die sogenannte Altgrubengerbung, eine rein pflanzliche Art der Behandlung von Tierhäuten, dauert neun bis 18 Monate, ergibt aber auch ein Leder, das jahrzehntelang hält und eine unvergleichliche Patina entwickelt. Wird ein Schuh im sogenannten Goodyear-Verfahren genäht, erfordert die Produktion etwa 40 Stunden und bis zu 300 Arbeitsschritte. Das Ergebnis ist deutlich langlebiger als das schnellerer Herstellungsweisen. Denn bei einem rahmengenähten Schuh wird das Oberteil mit einem rundum laufenden Lederband, dem Rahmen, durch zwei elastische Nähte indirekt mit der Laufsohle verbunden. Diese Technik kombiniert Halt und Bewegungsfreiheit, was nicht nur für einen besonderen Tragekomfort sorgt, sondern die lange Haltbarkeit und eine gute Reparierbarkeit des Schuhs bewirkt.

Weiß man um die Produktions- und Lebensdauer von Dingen, schätzt man nicht nur ihre Preise anders ein, sondern auch ihren Wert. Man wird zögern, ein aufwendig hergestelltes Objekt wegzuwerfen, nur weil es der Reparatur bedarf. Denn in gut gemachten Dingen steckt menschliche Arbeit, ein gekonntes Verrichten, das mit dem Bezahlen des Preises letztlich nur unangemessen, nämlich rein quantitativ abgegolten ist. Erst mit Respekt gegenüber dem menschengemachten Ding wird man der Sache wirklich gerecht.

Nicht nur in der Produktion, auch konsumtionsseitig kostet Qualität Zeit: Zeit für Recherchen, für Beratungsgespräche, für eine kundige Auswahl. Es kann dauern, bis man auf das Richtige trifft, es sich leisten kann oder auch nur genug Zeit dazu findet, sich gründlicher mit den Dingen zu beschäftigen. Wer Wert auf Qualität legt, wird in der Zwischenzeit improvisieren, umdisponieren oder verzichten, anstatt aus Zeitnot faule Kompromisse einzugehen.

Qualität braucht Zeit, wenn es um den Genuss geht, zum Beispiel beim Wein. „Der Wein sollte die optimale Trinkreife haben, richtig temperiert sein und wenn nötig genügend Zeit bekommen, um sich im Glas zu öffnen“, sagt Paula Bosch. Für eine Flasche guten Burgunder etwa kann man sich durchaus einen Abend lang Zeit nehmen – oder auch mehrere Tage, um zu verfolgen, wie eine möglicherweise etwas zu früh geöffnete Flasche sich an der Luft entwickelt.

Nicht immer ist ein Konsument reif für Qualität. Der Schriftsteller Ilija Trojanow illustriert dieses Eingeständnis mit einer Anekdote von einer Japanreise, auf der ihm ein junger Mann begegnete, „der in Hongkong seltene Gyokuro- und Sencha-Tees verkaufte. Nachdem ich einige eingeschweißte Packungen ausgewählt hatte, fragte er mich in zaghaftem, aber gut verständlichem Englisch, ob ich denn wisse, wie dieser Tee zuzubereiten sei. Ich sagte so etwas wie ‚halbwegs‘ oder ‚im Großen und Ganzen‘ und schlug sein Angebot aus, mir die Prozedur zu zeigen, da ich in Eile war, worauf der junge Mann seine Brille zurechtrückte und entschieden erklärte, in diesem Fall könne er mir den Tee leider nicht verkaufen. Er müsse sich sicher sein, dass ich in den richtigen Gebrauch eingeweiht sei. So war ich zu meinem Glück gezwungen, mir seine präzise Vorführung anzuschauen.“

Zeit zu investieren kann den Genuss hochwertiger Dinge steigern oder überhaupt erst ermöglichen. Verzögerung erhöht die Vorfreude und die Intensität eines Erlebnisses. Ein Ding zu verstehen, kann eine dauerhafte, sich erneuernde Wertschätzung bewirken. So sehr, dass selbst das an sich mühsame Instandhalten eines Objekts zur Freude über den gelungenen Gegenstand beiträgt.

QUALITÄT GIBT ZEIT

Es stimmt, das Erschließen von Qualität erfordert Zeit und Energie. Auf lange Sicht jedoch kann Qualität mehr Zeit geben als nehmen. Hat man nämlich den anfänglichen Aufwand und die ersten Anlaufschwierigkeiten hinter sich gelassen und die ‚richtigen' Sachen, Adressen und Vorgehensweisen gefunden, entlastet Qualität von der immer wieder neuen Auswahl aus der Fülle der Angebote und macht die zunächst investierte Zeit wieder wett. „Wer sein Können verfeinert, fühlt das Schwere immer leichter werden", schreibt der Philosoph Emanuel Seitz. Man muss sich nicht ständig neu den Kopf zerbrechen, sondern nur gelegentlich nachjustieren – es sei denn, man möchte gern an einem Thema dranbleiben und beispielsweise immer wieder andere Jahrgänge eines Weines beurteilen.

Was zunächst als Anstrengung erscheint, die gründliche Beschäftigung mit den Dingen, kostet immer weniger Überwindung und wird zur Gewohnheit, ja zur Lust. Sie gewinnt an Schwung. Man erfährt, dem Gespür, dem verinnerlichten Prozess trauen zu können. Das positive Erleben beim Entdecken gut gemachter Gegenstände verändert die innere Haltung, die eigene Grundgestimmtheit. Auf einmal wundert man sich über das, was weithin als normal angesehen wird: Erdbeeren ohne Aroma, Kleidung, die nicht einmal eine Saison hält, Design, das nur anders, aber nicht besser sein will. Es löst sogar eine gewisse Traurigkeit aus. Man ist für bestimmte Dinge nun ganz einfach verloren, ignoriert wertloses Zeug und fragt sich, wie es jemals anders sein konnte. Umso begeisterter entdeckt man jetzt Gelungenes, das plötzlich überall zum Vorschein kommt.

Qualität kann das Leben sehr effizient machen, zum Beispiel, indem man Informationen aus verlässlichen Quellen bezieht. „Was müssen meine Leser nicht mehr lesen, weil sie mich gelesen haben?“, fragt der Historiker Valentin Groebner und umreißt damit eine Schlüsselfrage des digitalen Zeitalters. Groebner sagt: „Man ist als Wissenschaftler selbst ein Filter, ganz persönlich“, denn gut gemachte Bücher seien „Ergebnis pur“.

Ähnlich verhält es sich mit der materiellen Kultur. Wenn Dinge ihren Dienst verlässlich tun, anstatt zeitraubende Pflege, Reparaturen oder Neuanschaffungen zu erzwingen, zahlt sich die in ihr Finden investierte Zeit wieder aus. Zur Zeitlichkeit der Qualität gehört auch die Zuverlässigkeit, mit der etwas läuft oder angeboten wird. Fällt in einem Restaurant bei keinem Gang das Niveau ab? Ist die Leistung eines Lokals über Jahre konstant? Enthält eine Kollektion oder ein Sortiment nur überzeugende Produkte, oder weisen sie Qualitätsschwankungen auf?

Schließlich ‚gibt‘ Qualität Zeit, weil langlebige Dinge Spuren des Umgangs mit ihnen enthalten, beispielsweise ein altes, abgegriffenes Treppengeländer. Weil es mit Gebrauchsspuren versehen ist, erzählt es von der Vergangenheit eines Hauses und seiner Bewohner. Nur weil es gut gemacht und dadurch haltbar ist, kann es mit seinen Schrammen und seinem brüchig gewordenen Lack zu einer Zeugin der Zeit werden. Gerade dank seiner Beständigkeit vergegenwärtigt es das Verstreichen der Zeit – und exponiert damit letztlich sogar die Vergänglichkeit des Lebens selbst.

QUALITY TIME

In diesem Buch geht es um Qualität bei den Dingen des Alltags. Zu einem guten Leben gehören, wie bereits angesprochen, jedoch auch Elemente, die man nicht kaufen kann. Der sogenannte Zeitwohlstand nimmt in diesem Zusammenhang eine interessante Zwischenstellung ein. Zum einen, weil ein bestimmtes Maß an freier Zeit durch Dienstleistungen (etwa Haushaltshilfen) durchaus gekauft werden kann, zum anderen, weil Dinge, die man in guter Absicht erwirbt, beispielsweise Apps, sich als zeitraubend erweisen können. Unter der sogenannten *quality time* versteht man frei verfügbare, selbst eingeteilte, als sinnvoll empfundene Zeit, vor allem solche, die in sozialen Beziehungen verbracht wird, aber auch in selbst gewählter Unerreichbarkeit.

Keine Zeit zu haben, ist eine irritierend quantitative Formulierung, mit der eigentlich ein Mangel an souveränem, auf Qualität ausgerichtetem Umgang mit der Zeit ausgedrückt wird. Er äußert sich in Stress und Erschöpfung. Die Idee qualitativ erfüllter Zeit wäre deshalb missverstanden, wenn man sie als das Gegenteil von Geschwindigkeit auffasste. Sie ist vielmehr selbstbestimmte, klug eingeteilte, gut getaktete Zeit mit einem den Gegebenheiten angemessenen Tempo. Nichts spricht dagegen, ebenso unvermeidbare wie unerquickliche Angelegenheiten zügig vom Tisch zu bekommen, um dadurch Zeit am Stück zu gewinnen, in der konzentriertes, tiefes Arbeiten an längerfristigen Projekten möglich ist. Arbeitsformen, bei denen nicht irgendwelche Zeiten abgesessen oder Aktivitäten sinnlos gemessen werden (z. B. wie viele E-Mails pro Stunde jemand beantwortet), sondern letztlich nur die Ergebnisse zählen, entsprechen deshalb am ehesten einem qualitativen Verständnis von Zeit.

Eine solche Zeitauffassung versteht, dass das tägliche Quantum von 24 Stunden sich nicht verändern lässt, wohl aber dessen Ausgestaltung. Qualitäten haben ihre eigenen Zeiten. Es gilt, ihnen gerecht zu werden. Hartmut Böhme drückt diesen Gedanken folgendermaßen aus: „Man kann versuchen, das Schlafen zu optimieren, doch man kann nicht schneller schlafen. Vergeblich ist es, schneller denken zu wollen. Kann man Gefühle beschleunigen? Schneller trauern? (...) Man scheitert meist, wenn man Dinge schneller tun will, als ihnen oder als einem selbst guttut. Längst auch ist klar: In hohem Tempo vieles zu erleben, heißt nicht Fülle, sondern Erfahrungsarmut. Die Überfülle an Reizen, die uns animieren, steht im umgekehrten Verhältnis zu dem Wenigen, das uns etwas bedeutet."

DAS GUTE, DAS NEUE UND DIE ZUKUNFT

Wirft man einen Blick auf die Werte, die in der Gegenwart weithin Zustimmung finden, so steht Qualität allenfalls an zweiter Stelle. Von gut gemachten oder gar ‚guten' Dingen zu sprechen, wirkt merkwürdig konservativ und wird vielfach als unangenehm moralisch empfunden. Beifall findet eher die Feier des Neuen, Innovativen, Kreativen, Anderen. Im Silicon Valley etwa kommt es darauf an, ‚disruptiv' zu sein und nie Dagewesenes zu präsentieren. Jedenfalls noch. Denn allmählich verschieben sich die Gewichte – sogar in der digitalen Ökonomie, wo eine Reihe einflussreicher Entwickler nicht nur nach dem revolutionär Neuen, sondern auch nach der Qualität einer digitalen Anwendung fragt. Erst recht aber tut sich etwas im Alltagsleben, wo mehr und mehr Menschen wissen möchten, warum sie denn das jeweils Neueste vorziehen sollen, wenn es gar nicht besser ist als das Vorhandene und Bewährte. Denn Neues ist nicht *per se* besser, sondern nur dann, wenn es eben besser ist. Der Kritiker Hanno Rauterberg kommt in seiner „Qualitätsprüfung" des Kunstbetriebs zu genau diesem Schluss. Das Neue, sagt er, sei „eigentlich kein Qualitätskriterium, denn es sagt für sich genommen nichts darüber aus, ob es sich um eine sinnvolle Erneuerung handelt".

Damit sei weder behauptet, dass es keine qualitätvollen Neuerungen gibt (natürlich ist das der Fall), noch dass Kreativität keine wichtige Komponente bei der Weiterentwicklung der Qualitätswirtschaft darstellt (auch das trifft zu). Zudem kann Abwechslung innerhalb einer bestimmten Qualitätsliga das Qualitätserleben bereichern und erneuern. Am Ende des Tages aber sollte es auf die Qualität eines

Produktes ankommen, nicht auf die Innovation um der Innovation willen. Es sollte die Frage bejaht werden können, ob etwas das Leben besser macht oder nicht.

Wer immer nur die neueste Sensation sucht, an dem geht letztlich sogar das Neue vorbei. Der Ökonom Franz Liebl hat diese Einsicht am Beispiel eines Gerichts aus der Spitzenküche aufgezeigt. Beim wiederholten Verspeisen machte er die Erfahrung, dass ein Genießer „beim zweiten Mal, obwohl – oder vielleicht auch gerade weil – man darauf vorbereitet war, die Sensation besonders intensiv verspürt", denn dann kann er sich beim Erleben des Geschmacksverlaufs „in Kenntnis der Auflösung auf Nuancen und Aspekte konzentrieren, die eine reine Fokussierung auf die Auflösung gar nicht zulassen würde". Liebls Erfahrung gleicht derjenigen bei einer Romanlektüre oder dem Betrachten eines Spielfilms: Beim ersten Durchgang mag die Spannung in Atem halten, aber Vielschichtigkeit, Tiefe und formale Machart kommen nicht in den Blick; beim zweiten Durchgang verhält es sich genau umgekehrt – vorausgesetzt, ein Werk hat neben einer spannenden Handlung auch poetische Qualitäten zu bieten.

Wer immer nur die
neueste Sensation sucht,
an dem geht letztlich
sogar das Neue vorbei.

Qualität bildet ein Gegengewicht zum Bejubeln jedweder Veränderung. Wie viele Kaffeehäuser haben durch ‚Modernisierungen' ihren Charakter verloren, wie viele Radioprogramme sind durch ‚frische Formate' bestenfalls noch belanglos, wenn sie nicht geradeheraus die Intelligenz ihrer Hörerinnen beleidigen? Es geht, wie gesagt, nicht darum, nostalgisch die Vergangenheit zu verklären, sondern nach Gewinnen und Verlusten zu fragen und die Beweislast umzukehren, wenn etwas ohne Not verändert werden soll.

Kreativität ist in der Qualitätswirtschaft an zwei Stellen gefragt: zum einen, wenn, wie beim *Super Normal*, ein Gegenstand verbessert werden kann, zum anderen, wenn es sich um ein gänzlich neues Erzeugnis handelt, also zum Beispiel ein digitales Produkt. Manchmal kommen Dinge erst durch den Ehrgeiz einer Entdeckerin zu sich selbst. Bestimmte Gartechniken beispielsweise entlocken Gemüsen eine Aromentiefe, wie sie die traditionelle Zubereitung nicht kannte.

Durch ihre Dauerhaftigkeit wohnt Qualitätsdingen ein Zukunftsbezug inne. Ihr Wert kann mit dem Alter steigen – der unwahrscheinliche Fall in einer Kultur, in welcher, wie Hartmut Böhme in seinem Fetischismus-Buch bemerkt, sich „nahezu alle Dinge auf der abschüssigen Bahn des sinkenden Werts" bewegen. Was nichts wert ist, wird von den Erben einfach weggeworfen. Altersbeständigkeit hingegen bedeutet, dass Dinge durch Handhabung und Aneignung eine Patina entwickeln, die ihnen das Sterile unbenutzter Neuware nimmt und sie an Reiz gewinnen lässt. Patina, für Tanizaki Jun'ichiro das Signum der Meisterschaft, verbindet Wert und Zeit. Künstliche Patina, wie manche Modemarken sie erzeugen, ist ein Widerspruch in sich. Denn Patina erzählt vom Vergehen der Zeit, gewinnt der Alterung (dem Mehr an Jahren) einen qualitativen Aspekt ab und schafft ein geradezu greifbares Kontinuum in Vergangenheit und Zukunft. Etwas erzählt von meinen Vorfahren – und etwas, in das meine Berührung Eingang gefunden hat, wird mich überdauern und noch lange nach meiner Existenz bleiben. „Wenn ich mir überlege“, sagte der langjährige Hermès-Präsident Jean-Louis Dumas einmal über eine Uhr in seinem Büro, „dass ich die Schönheit dieses Klangs mit dem Großvater meines Großvaters teile, so ist dies großartig.“

Ohne Qualität keine Nachhaltigkeit. Alternative Formen des Besitzens, darunter das Gebrauchen bereits zuvor genutzter Dinge im Fall von *vintage* und *second hand* oder die Verwendung auf Zeit in der *sharing economy*, setzen haltbare Gegenstände voraus. Wertbestand und Wertsteigerung rechnen mit der nächsten Generation, sonst könnte man gleich Wegwerfentscheidungen treffen. Besonders eindrücklich wird die Idee generationsübergreifender Qualität an den Kathedralen des Mittelalters. „Die Regel im Mittelalter war die lange Produktionszeit“, schreibt Werner Sombart, „Jahre und Jahrzehnte wurde an einem Stück, an einem Werk gearbeitet: man hatte keine Eile, es vollendet zu sehen. Man lebte ja auch so lange, weil man in einem Ganzen lebte. die Kirche, das Kloster, die Stadtgemeinde, das Geschlecht würden die Vollendung sicher erleben, wenn auch der einzelne Mensch, der die Arbeit in Auftrag gegeben hatte, längst vermodert war.“ Auf eine solche Weise verschreiben sich Menschen der Qualität nur, wenn sie an die Zukunft glauben. Sonst wäre der Aufwand viel zu hoch. Vielleicht hat Qualität es deshalb in unserer Zeit so schwer.

KAPITEL 7

Perfektionismus. Des Guten zu viel

Wie hängt die Qualität der Dinge mit der Qualität des Lebens zusammen? Die These dieses Buches lautet, dass gut gemachte Dinge das Leben bereichern. Zwei Extreme können dem jedoch auch entgegenwirken. Zum einen wäre es ein Irrtum anzunehmen, dass sich durch Dinge allein ein gutes Leben einstellt; natürlich bedarf es dazu ebenso körperlicher, sozialer und sinnstiftender Elemente, darunter Bewegung, Schlaf, die Erfahrung von Zugehörigkeit und selbstbestimmte Zeit. Zum anderen durchkreuzt ein Übermaß an ‚Richtigkeit' das Gelingen. Vollkommenheit kann einschüchternd wirken, zwanghaft und kühl. Wer zu angestrengt übt, erlangt keine Meisterschaft. Wer seine Kennerschaft zu sehr herauskehrt, kommt pedantisch und parvenühaft daher. Ohne Leichtigkeit getragen, sieht die beste Garderobe wie ein steifes Kostüm aus, und eine ausschließlich mit brandneuen, erstklassigen Gegenständen ausgestattete Wohnung fühlt sich an wie ein Showroom oder eine Seite aus dem Einrichtungskatalog. Wann schlägt die Suche nach gut gemachten Gegenständen ins Sterile um? Und unter welchen Umständen tragen gut gemachte Dinge zu einer besseren Lebensqualität bei?

WENN QUALITÄT IN QUANTITÄT UMSCHLÄGT

Die Suche nach Qualität kann einer Steigerungslogik anheimfallen, die das durch bessere Dinge gewonnene Wohlbefinden wieder aufzehrt. Diese Gefahr besteht zum einen, wenn man Qualitätsprodukte als Positionsgüter auffasst und dabei in einen Strudel endloser Statusvergleiche gerät, die den Vergleichshorizont nur immer weiter nach oben verschieben. „Die Krux", schreibt der Soziologe Steffen Mau, „besteht darin, dass es in diesem Steigerungsspiel kein Plateau der Sättigung mehr gibt, von dem aus man in Ruhe auf das Erreichte zurückblicken könnte, dass wir uns also immer schwerer tun, eine Leistung, ein Wohlstandsniveau oder eine Form der Attraktivität in ihrem Eigenwert zu schätzen." Doch selbst wenn man Qualität – wie im zweiten Kapitel nahegelegt – von Distinktion entkoppelt und dadurch dem sozialen Steigerungsspiel entkommt, bleibt die Logik der Überbietung ein Problem. Denn wer nur das Beste vom Besten finden will, wird nur immer mehr Informationen einholen, immer mehr Zeit und Geld aufwenden, um das Optimum zu erreichen. Weil aber ständig neue Möglichkeiten auftauchen und in der Zukunft ganz andere Aspekte relevant werden können, schlägt ein perfektionistisches Qualitätsstreben in Quantität um. Das Gefühl, etwas noch Besseres verpasst zu haben, und die Reue über vermeintlich falsche Entscheidungen verringern dann die Lebenszufriedenheit.

Aus diesem Grund habe ich vorgeschlagen, Qualität als einen Verhältnisbegriff aufzufassen, bezogen nicht auf ein absolutes Optimum (das als Grenzfall, als ‚peak experience' seine Berechtigung hat), sondern auf die jeweiligen Umstände. „Passiert das Unvorhergesehene", schreibt Emanuel Seitz über die Klugheit des Könners, „bewahrt er Ruhe und passt sich der Situation an, sodass sich noch immer das Bestmögliche erreichen lässt, selbst wenn das Vorgeplante und Erwartete unmöglich geworden ist." Diejenige Form der Qualitätssuche, die ich das Wissen-wie genannt habe, vermeidet die Falle des Perfektionismus. Sie ist nämlich weniger eine Methode als ein Gespür, das durch Umgang und Übung zur zweiten Natur geworden ist und sich durch reflexive Momente vor Zwanghaftigkeit schützt.

PARADOXE PERFEKTION

Es ist ein altes philosophisches Argument, dass das Absolute nur als absolut gelten kann, wenn es das Relative enthält, denn sonst wäre es nicht komplett. Analog ließe sich sagen, dass das Vollkommene nur vollkommen ist, wenn es Unvollkommenes in sich birgt. Wo allzu tadellos produziert, allzu verbissen gesucht und allzu rigide gewählt wird, fehlt es an Lebendigkeit und damit an Lebensqualität. „Problematisch", schreibt Richard Sennett, „wird eine Qualitätsorientierung dann, wenn sie obsessiv betrieben wird." Und er fügt hinzu: „Der gute Handwerker hat gelernt, wann es Zeit ist aufzuhören."

Ich zögere, einem ‚genügend gut' das Wort zu reden. Das klingt zu sehr nach langweiligem Mittelmaß und Durchschnitt, lauen Kompromissen und zu frühem Aufgeben. Eher denke ich, dass es gerade das Imperfekte ist, das einem Gegenstand seine letzte, menschliche Qualität verleiht: die unsaubere Note einer Jazzimprovisation, der vorläufige Charme einer Skizze, Patina. Es falle schwer, schreibt Wolfgang Ullrich in seiner *Kritik der warenästhetischen Erziehung*, „einer Tätigkeit unambitioniert nachzugehen", wenn man sich erst einmal auf Kennerschaft in allen Lebensbereichen eingeschworen habe. Zu einem vollen Verständnis von Qualität gehört deshalb ein Moment des Unangestrengten. Am Ende stellt sich Lebensqualität zwar nicht von selbst, aber doch eher indirekt ein, vorbereitet zwar, doch unter Mitwirkung von Zufällen und Unverfügbarem. Sie lässt sich begünstigen, aber nicht gezielt herbeiführen oder gar erzwingen.

DIE KUNST DER DOSIERUNG

„Die echte Kunst ist die Fähigkeit, erstens die wirklich schönen Dinge zu erkennen und sie zweitens so zu dosieren, dass man am meisten von ihnen hat", schreibt Alexander von Schönburg. Hätte man stets das Beste, verlöre es seine Besonderheit. Ökonomen kennen das Gesetz vom abnehmenden Grenznutzen: Ein Glas Wasser löscht den Durst. Ein zweites mag noch erfrischen. Beim dritten aber macht sich bereits ein unangenehmes Völlegefühl bemerkbar. Und im Extremfall kann man im Wasser ertrinken. Wer immer alles hat, stumpft ab und kann bald sogar das Köstlichste nicht mehr genießen. Qualität kippt in Quantität: des Guten zu viel. Aber auch die einseitige Konzentration aller Ressourcen auf einen einzigen Bereich kann die Lebensqualität untergraben. Wer sein ganzes Geld in ein Auto steckt oder ein teures Haus abbezahlen muss, kann nicht mehr gut essen, komfortabel reisen oder sich jemandem gegenüber spontan als großzügig erweisen.

Ratsam ist es daher, sich gut gemachten Dingen weniger systematisch, als mit einem kultivierten Gespür zu nähern und um des Genusses willen auf das unangebracht Exzeptionelle zu verzichten. Eine solche Einstellung unterscheidet sich von einem das Qualitätsempfinden unterlaufenden Perfektionismus ebenso wie von der Akzeptanz des Misslungenen. Sie ist aber auch kein fades Mittelmaß, das sich in sämtlichen Lebensbereichen auf ‚brauchbare' Dinge beschränkt, ohne jemals etwas Besonderes und bisweilen auch den Gipfel des Genusses, die Weltspitze zuzulassen. Vielmehr handelt es sich um eine Lebenskunst, die Situationen bedenkt, warten kann und einen qualitätvoll gestalteten Alltag immer wieder für das Außergewöhnliche öffnet.

Besser leben

Beim Schreiben der letzten Seiten dieses Buches kehre ich in Gedanken zurück zu den Orten und Momenten, die mein Verständnis von Qualität geprägt haben: die Werkstatt meines Vaters, Gespräche mit Könnerinnen und Könnern, nach denen ich die Details bestimmter Dinge aufmerksamer wahrnahm, unvergessliche kulinarische Erlebnisse, bei denen mir etwas von den Möglichkeiten aufging, das Leben intensiver zu genießen. Ich erinnere mich daran, wie ich in der Pariser Rue du Cherche-Midi zum ersten Mal ein Pain Poilâne aß und das dichte Brot förmlich zu intensivem Kauen und gründlichem Schmecken erzog. Mir fällt wieder ein, wie ich einmal eine alte Anzugjacke auftrennte und auseinandernahm, um mir die Verarbeitung des Schulterpolsters genauer anzuschauen – und wie erstaunt ich über die Feinheit der Konstruktion war. Oder der Augenblick, als ich zum ersten Mal auf dem von Jasper Morrison entworfenen Ply Chair saß, einem Stuhl aus Birkenholz, der mit einem Minimum an Material und Form auskommt. Das elementare Objekt war nicht nur überraschend bequem, sondern löste ein Nachdenken darüber aus, was eigentlich einen guten Stuhl und die Qualität des Sitzens ausmacht. An welchen Qualitätserlebnissen hat sich Ihre Vorstellung vom Gelungenen geformt? War es ein Schluck von einem großen Wein, ein handrollierter Saum, eine elegante Codezeile? Wie haben diese Augenblicke Ihre Sicht auf das Thema Qualität verändert?

Auf meiner Entdeckungsreise zeichnete sich ein Verständnis von Qualität ab, das den Blick nicht auf Begleiterscheinungen wie Preis und Status, sondern auf die Dinge selbst und die jeweilige Situation lenkt, in denen man ihnen begegnet. Denn die Güte eines Gegenstandes kann erst dann einsichtig werden, wenn man eine Sprache für dessen Eigenschaften und das eigene Erleben findet. In der neuen Qualitätswirtschaft tritt die technische, Kriterien prüfende und auf Zahlen setzende Qualitätsvorstellung der Industriemoderne zurück hinter eine die Sinne schulende, entdeckerische Lebenskunst. Durch Umgang, Übung und Nachdenken führt sie zu einer informierten Intuition, einem Gespür für gute gemachte Dinge, das Zeit schenkt und Möglichkeiten eröffnet. Während klassische Qualitätsmerkmale wie Material, Verarbeitung, Funktion und Form weiterhin wichtige Anhaltspunkte bilden, gewinnt die Wirkung an Bedeutung. Welchen Effekt erzielt ein Ding im Alltag? Welchen Unterschied macht ein Erlebnis? Auf welche Weise berührt, bewegt, beglückt es uns? Aus dieser Perspektive betrachtet, spielen auch soziale und ökologische Aspekte bei der Bewertung eine immer wichtigere Rolle. Denn letztlich geht es bei der Suche nach Qualität darum, ob etwas der Welt zuträglich ist und das Leben besser macht.

DIE REICHWEITE DER DINGE

„Wenn man Dinge als gut oder schlecht designt ansieht, dann erscheinen sie nicht länger als unabänderliche Tatsachen", bemerkt Bruno Latour in seiner Skizze einer Philosophie des Designs. Wer auf Qualität achtet, sieht die Welt als veränderbar, das Leben als gestaltbar an. Sich um Sachen zu kümmern, macht einen Unterschied. Aber bis zu welchem Grad sind die Qualität des Lebens und eine bessere Einrichtung der Welt etwas, das die Einzelnen angeht? Müsste man nicht vielmehr am ‚System' ansetzen? Die politischen Rahmenbedingungen ändern?

Zunächst einmal wird man Latour zustimmen, dass die Wahl und Gestaltung von Dingen etwas bewirkt. Es macht reale Unterschiede, welche Lebensmittel nachgefragt und wie Gegenstände gestaltet werden.

Es richtet etwas aus. Die Möglichkeit zur Mitwirkung steht vielen Menschen offen. Oft genügt schon eine kleine Verschiebung des Blicks, eine neue Rahmung, und es tun sich ungeahnte Spielräume auf. Vor allem eine ethisch erweiterte Idee von Qualität erscheint als Weg, Vernünftiges wirklich werden zu lassen: durch materielle Kultur und ästhetisches Erleben. Aber werden die großen Menschheitsträume allein durch eine qualitätvolle Lebenspraxis eingelöst? Gegen diese Auffassung hat Theodor W. Adorno den Einwand vorgebracht, die „Ästhetisierung des Alltags" und ein „Kult formvoller Lebensführung" seien letztlich ein spätkapitalistisches Privileg, deren vorgeblicher Beitrag zu einer besseren Welt im Bereich des Privaten verbleibe. „Die Utopie des Qualitativen", schreibt Adorno in seinen *Minima Moralia*, gehe ein „ins herrschende Tauschverhältnis". Mit anderen Worten: Der Versuch, das gute Leben durch wirtschaftliches Handeln herbeizuführen, vereitle genau dieses Ziel, weil es Qualität im vollen Sinn nur außerhalb der Warenförmigkeit geben könne. Hat Adorno nicht recht?

Wie bereits bemerkt, umfasst Lebensqualität mehr als gut gemachte Gegenstände. Doch das bedeutet weder, dass Dinge nicht zu ihr beitragen können, noch dass die materielle Einrichtung des Lebens zwangsläufig von anderen Formen der Weltgestaltung wegführt. Was spricht dagegen, das eine zu tun und das andere nicht zu lassen? Gewiss überfordert es die Einzelnen, wenn Konsumentscheidungen als primäre oder sogar einzige Form bürgerschaftlichen Engagements aufgefasst werden. Das ist aber umgekehrt kein Grund dafür, ethische Aspekte aus dem wirtschaftlichen Handeln auszuklammern. Das gute Leben existiert nur in Nischen? Leider ja. Aber Nischen sind ein Teil der Welt, keine Scheinwelt. Dahinter stehen Menschen und ihre Existenz, Landschaften und Traditionen, Werkzeuge und Werkstätten, Wissen und Können, Geschichten, Ideen, Begeisterung. Sie sind nicht nur Zeichen, sondern materielle Dinge und reale Ereignisse.

Nischen sind mehr als ‚kleine Fluchten', sie sind ‚Traktionen', sie zeigen tatsächliche Möglichkeiten auf. Sie inspirieren, sind wirksam, können sogar zu einer kritischen Masse heranreifen. Und sie sind *in jedem Fall* schon einmal das, was sie sind: Momente gelingenden Lebens, Erfahrung von Qualität.

DIE KÜRZE DES LEBENS

Zu Beginn des 21. Jahrhunderts hat die Menschheit erfahren müssen, wie fragil das vertraute Leben ist, wie wenig selbstverständlich zuvor Geläufiges war und wie unerheblich bislang für unverzichtbar Gehaltenes. Jetzt richten viele Menschen ihr Leben neu ein und fragen danach, was ihnen wirklich etwas bedeutet und woran sie diejenigen Dinge erkennen, die ihnen selbst und der Welt guttun.

Sich an Qualität auszurichten, findet seinen letzten Grund in der Kürze des Lebens. Was gut war, wird oft erst im Rückblick deutlich, wenn ein Ort unwiederbringlich verloren ist oder ein versäumter Moment nicht mehr nachgeholt werden kann. Umgekehrt vermag uns nichts die Erinnerung an geglückte Momente zu nehmen, das Staunen über einen gelungenen Gegenstand, die Farben des Herbstlaubes, einen Tag am Meer.

Wer den Genuss des Gelungenen endlos aufschiebt, kommt vielleicht nicht mehr dazu. Gibt es einen besseren Grund, nach gut Gemachtem Ausschau zu halten? Am Ende des Tages ist Qualität vor allem eines: der Endlichkeit etwas entgegenzuhalten durch die Feier des Lebens.

LITERATURVERZEICHNIS

ABBOTT, LAWRENCE:
Qualität und Wettbewerb. Ein Beitrag zur Wirtschaftstheorie, München 1958.

ACHTUNG. ZEITSCHRIFT FÜR MODE. SONDERHEFT 1:
Handmade, Berlin 2009.

ADORNO, THEODOR W.:
Minima Moralia. Reflexionen aus dem beschädigten Leben, Frankfurt am Main 1951.

DERS.:
„Funktionalismus heute", in: Ohne Leitbild. Parva Aesthetica, Frankfurt am Main 1967, S. 104–125.

AKERLOF, GEORGE A.:
„The market for ‚lemons'. Qualitative uncertainty and the market mechanism", in: Quarterly Journal of Economics 84 (1970), S. 488–500.

ANDERS, GÜNTHER:
Die Antiquiertheit des Menschen 2. Über die Zerstörung des Lebens im Zeitalter der dritten industriellen Revolution, München 1980.

ANDRITZKY, MICHAEL (HG.):
Von der guten Form zum guten Leben. 100 Jahre Werkbund, Frankfurt am Main 2008.

ANTAL, ARIANE BERTHOIN; HUTTER, MICHAEL; STARK, DAVID (HG.):
Moments of Valuation. Exploring Sites of Dissonance, Oxford 2015.

ANONYMUS:
„Nur das Beste", in: McK Wissen 20 (März 2007), S. 88–97.

ANONYMUS:
„You choose", in: The Economist vom 18. Dezember 2010, https://www.economist.com/christmas-specials/ 2010/12/16/you-choose, letzter Zugriff am 13. Juni 2021.

APPEL, HOLGER:
„Made in Germany", in: Frankfurter Allgemeine Zeitung vom 16. April 2010.

ARENDT, HANNAH:
Vita activa oder Vom tätigen Leben, München 1981.

ASIMOV, ERIC:
„It's Time to Rethink Wine Criticism", in: The New York Times vom 17. Juni 2017, https://www.nytimes.com/2019/06/17/dining/drinks/wine-ratings-criticism.html, letzter Zugriff am 13. Juni 2021.

DERS.:
„How to Buy Wine: Five Questions to Ask", in: The New York Times vom 24. Februar 2020, https://www.nytimes.com/2020/02/24/dining/drinks/buying-wine.html, letzter Zugriff am 13. Juni 2021.

ANTONELLI, PAOLA:
Humble Masterpieces. 100 Everyday Marvels of Design, London 2006.

ASSERATE, ASFA-WOSSEN:
Manieren. Frankfurt am Main 2003.

BADENHOP, PETER:
„Jeder Spitzenwinzer nimmt Maß an Bordeaux", in: Frankfurter Allgemeine Zeitung vom 20. April 2014.

BAECKER, DIRK:
„Die Dekonstruktion der Schachtel. Innen und Außen in der Architektur", in: Luhmann, Niklas; Bunsen, Frederick D.; Baecker, Dirk: Unbeobachtbare Welt. Über Kunst und Architektur, Bielefeld 1990, S. 67–104.

BALZTER, SEBASTIAN:
„Das Unternehmergespräch: Florian Kohler, Inhaber und Geschäftsführer der Büttenpapierfabrik Gmund", in: Frankfurter Allgemeine Zeitung vom 2. August 2010.

BARBEY D'AUREVILLY, JULES:
Über das Dandytum und über George Brummell, Berlin 2006.

BAUDRILLARD, JEAN:
Die Konsumgesellschaft. Ihre Mythen, ihre Strukturen, o.O. 2015.

BECKER, RALF:
Qualitätsunterschiede. Kulturphänomenologie als kritische Theorie, Hamburg 2021.

BECKERT, JENS; MUSSELIN, CHRISTINE (HG.):
Constructing Quality. The Classification of Goods in Markets, Oxford 2013.

BERNARDINI, GEORG:
Schokolade – Das Standardwerk, Bonn 2015.

BERNAU, PATRICK:
„Von wegen alter Hut", in: Frankfurter Allgemeine Sonntagszeitung vom 8. Juli 2018.

BÖHME, GERNOT:
Ästhetischer Kapitalismus, Berlin 2016.

BÖHME, HARTMUT:
Fetischismus und Kultur. Eine andere Theorie der Moderne, Reinbek bei Hamburg 2006.

DERS.:
„Wollen wir in einem posthumanen Zeitalter leben? Geschwindigkeit und Verlangsamung in unserer Kultur", in: Brüderlin, Markus (Hg.): Die Kunst der Entschleunigung. Bewegung und Ruhe in der Kunst von Caspar David Friedrich bis Ai Weiwei, Stuttgart 2011, S. 2–8.

BORRIES, FRIEDRICH VON:
„Die Apple-Design-Lüge. Warum das Design von Apple weder gut noch minimalistisch ist. Ein Pamphlet", in: Schulze, Sabine; Grätz, Ina (Hg.): Apple Design, Ostfildern 2011, S. 55–63.

BOSCH, PAULA:
Wein genießen. Das Weinwissen Deutschlands bekanntester Sommelière, München 2018.

BOYER, CHARLES ARTHUR; ZANCO, FEDERICA:
Jasper Morrison, Paris 1999.

BRANDES, CATHRIN ET AL. (HG.):
Geistige Getränke. Brände & Liköre, handgemacht & hochprozentig, Berlin 2015.

BRESSON, ROBERT:
Notizen zum Kinematographen, Berlin 2007.

BREUER, GERDA (HG.):
Das gute Leben. Der Deutsche Werkbund nach 1945, Tübingen 2007.

BRIESEN, DETLEF:
Warenhaus, Massenkonsum und Sozialmoral. Zur Geschichte der Konsumkritik im 20. Jahrhundert, Frankfurt am Main 2001.

BURCHARDT, ULI:
Ausgegeizt! Wertvoll ist besser – Das Manufactum-Prinzip, Frankfurt am Main/New York 2012.

BURCKHARDT, LUCIUS:
Design ist unsichtbar. Entwurf, Gesellschaft & Pädagogik, Berlin 2012.

BURGER, HERMANN:
„Der Tabak in Literatur, Gesellschaft und Geschichte", in: ders.: Werke in acht Bänden. Sechster Band, München 2014, S. 518–536.

CALLON, MICHEL; MEÁDEL, CÉCILE; RABEHARISOA, VOLOLONA:
„The economy of qualities", in: Economy and Society 31 (2002), H. 2, S. 194–217.

CAMPBELL, DUNCAN ET AL. (HG.):
The Craft and the Makers. Tradition with Attitude, Berlin 2014.

CAROLAN, MICHAEL:
Cheaponomics. Warum billig zu teuer ist, Bonn 2016.

CHANDLER, RAYMOND:
Der lange Abschied, Zürich 1975.

CHARTERS, STEVE:
„On the Evaluation of Wine Quality", in: Smith, Barry C. (Hg.): Questions of Taste. The Philosophy of Wine, New York 2007, S. 157–181.

DERS.; PETTIGREW, SIMONE:
„Conceptualising quality: The case of wine", in: Marketing Theory 6 (2006), S. 467–483.

CLIVIO, FRANCO; HANSEN, HANS; MENDELL, PIERRE:
Hidden Forms. Seeing and Understanding Things, Basel/Boston/Berlin 2009.

COLAPINTO, JOHN:
„Just have less. Bottega Veneta's Tomas Maier", in: The New Yorker vom 26. Dezember 2010, S. 32–37.

CONLON, SCARLETT:
„British manufacturing is back in fashion", in: The Guardian vom 29. September 2019, https:// www.theguardian.com/global/2019/sep/29/fashion-designer-patrick-grant-social-enterprise-community-clothing, letzter Zugriff am 13. Juni 2021.

DEDIU, HORACE:
„How much does it cost to manufacture an iPhone?", in: Asymco vom 22. Februar 2012, http://www.asymco.com/2012/02/22/the-iphone-manufacturing-cost-structure/, letzter Zugriff am 13. Juni 2021.

DIERKSMEIER, CLAUS:
„Quantitative oder qualitative Freiheit?", in: agora42 02/2015, S. 28–30.

DERS.:
„Qualität vor Quantität. Über Freiheit und Nachhaltigkeit", in: Mittelweg 36 06/2020, S. 33–57.

DIEZ, STEFAN:
„Designer tragen große Verantwortung. Gespräch mit Jasmin Jouhar", in: Frankfurter Allgemeine Magazin vom 9. Januar 2021.

DOLLASE, JÜRGEN:
Geschmacksschule, Wiesbaden 2005.

DERS.:
Kulinarische Intelligenz, Wiesbaden 2006.

DERS.:
„Die zehn Stufen zu mehr Genuß", in: Frankfurter Allgemeine Sonntagszeitung vom 5. Februar 2006.

DERS.:
„Wenn der Kopf zum Magen kommt. Theoriebildung in der Kochkunst", in: Dell'Agli, Daniele (Hg.): Essen als ob nicht. Gastrosophische Modelle, Frankfurt am Main 2009, S. 67–99.

DERS.:
„Elitenversagen", in: Frankfurter Allgemeine Zeitung vom 22. Januar 2011.

DERS.:
„Was innovative Kochkunst suchen muss", in: Frankfurter Allgemeine Zeitung vom 13. März 2015.

DUHIGG, CHARLES:
„With Time Running Short, Jobs Managed His Farewells", in: The New York Times vom 6. Oktober 2011, https://www.nytimes.com/2011/10/07/technology/with-time-running-short-steve-jobs-managed-his-farewells.html, letzter Zugriff am 13. Juni 2021.

DUMAS, JEAN-LOUIS:
„Ökologie als Werkzeug zum Glück", in: Welt am Sonntag vom 6. April 2003.

EASTERLIN, RICHARD A.:
„Does Economic Growth Improve the Human Lot?", in: David, Paul A.; Reder, Melvin W. (Hg.): Nations and Households in Economic Growth: Essays in Honor of Moses Abramovitz, New York 1974, S. 89–125.

ERNI, PETER:
Die gute Form. Eine Aktion des Schweizerischen Werkbundes. Dokumentation und Interpretation, Baden 1983.

FEHNERT, JOSH (HG.):
The Monocle Book of Gentle Living, New York 2021.

FEIGE, DANIEL MARTIN:
Design. Eine philosophische Analyse, Berlin 2018.

FINSTERBUSCH, STEPHAN; LÖHR, JULIA; PREUSS, SUSANNE:
„Vom Warnzeichen zum Aushängeschild", in: Frankfurter Allgemeine Zeitung vom 23. August 2012.

FOURASTIÉ, JEAN:
Les Trente Glorieuses, ou la révolution invisible de 1946 à 1975, Paris 1979.

FRANCK, GEORG:
Ökonomie der Aufmerksamkeit. Ein Entwurf, München 1998.

DERS.; FRANCK, DOROTHEA:
Architektonische Qualität, München 2008.

FRANKFURT, HARRY G.:
Bullshit, Frankfurt am Main 2006.

FRENZL, MARKUS ET AL.:
Mykita Eight, Berlin 2011.

FRIEBE, HOLM; RAMGE, THOMAS:
Marke Eigenbau. Der Aufstand der Massen gegen die Massenproduktion, Frankfurt am Main 2008.

FRIEDLÄNDER, MAX J.:
Von Kunst und Kennerschaft, Berlin 1955.

FUKASAWA, NAOTO; MORRISON, JASPER:
Super Normal. Sensations of the Ordinary, Baden 2008.

GABOUÉ, STÉPHANE:
„Extinct", in: Fantastic Man 20 (2014), S. 202–209.

GALLOWAY, SCOTT:
Post Corona. From Crisis to Opportunity, London 2020.

GARVIN, DAVID A.:
„What Does ‚Product Quality' Really Mean?“, in: Sloan Management Review Fall 1984, S. 25–43.

GIGERENZER, GERD:
Bauchentscheidungen. Die Intelligenz des Unbewussten und die Macht der Intuition, München 2007.

GLICKMAN, LAWRENCE B.:
Buying Power. A History of Consumer Activism in America, Chicago 2009.

GREINER, ULRICH:
„Kleiner Versuch über den Genuß“, in: Die Zeit vom 4. Juli 1997.

GRIFFITH, SARAH:
„Why your internet habits are not as clean as you think“, in: https://www.bbc.com/future/article/20200305-why-your-internet-habits-are-not-as-clean-as-you-think, letzter Zugriff am 13. Juni 2021.

GROEBNER, VALENTIN:
„Muss ich das lesen? Ja, das hier schon“, in: Frankfurter Allgemeine Zeitung vom 6. Februar 2013.

GROVE, SOPHIE:
„Moral Fibres“, in: Monocle 37, Oktober 2010, S. 63–66.

GRUENDL, HARALD ET AL.:
Werkzeuge für die Designrevolution. Designwissen für die Zukunft, Sulgen 2014.

GRUNDMANN, MELANIE (HG.):
Der Dandy. Wie er wurde, was er war. Eine Anthologie, Köln/Weimar/Wien 2007.

HAAS, REINHARD; GRAF SCHÖNBURG, ALEXANDER; THORER, AXEL:
Das Beste vom Besten. Almanach der feinen Lebensart, Düsseldorf/ Wien/New York 1989.

HAGNER, MICHAEL:
Zur Sache des Buches, Göttingen 2015.

HAHN, HANS PETER:
Materielle Kultur. Eine Einführung, Berlin 2014.

DERS. (HG.):
Vom Eigensinn der Dinge. Für eine neue Perspektive auf die Welt des Materiellen, Berlin 2015.

HANDKE, PETER:
Versuch über den Pilznarren. Eine Geschichte für sich, Berlin 2013.

HANK, RAINER:
„Original oder Fälschung“, in: Frankfurter Allgemeine Sonntagszeitung vom 27. Februar 2011.

HARA, KENYA (HG.):
Muji, New York 2010.

DERS. ET AL.:
Optimum, Tokyo 2014.

HAUER, THOMAS (HG.):
Das Geheimnis des Geschmacks. Aspekte der Ess- und Lebenskunst, Frankfurt am Main 2005.

HAUG, WOLFGANG FRITZ:
Kritik der Warenästhetik. Gefolgt von Warenästhetik im High-Tech-Kapitalismus, Frankfurt am Main 2009.

HECHT, SAM; COLIN, KIM:
things that go unseen, London 2003.

DIES.:
Usefulness in Small Things. Items from the Under a Fiver Collection, New York 2010.

HECKL, WOLFGANG M.:
Die Kultur der Reparatur, München 2013.

HEIDEGGER, MARTIN:
Sein und Zeit, Tübingen 1986.

HEINZELMANN, URSULA:
„Voll fett im Kommen“, in: Frankfurter Allgemeine Sonntagszeitung vom 1. Juni 2005.

DIES.:
„Ich will einen extremen Extrakt als Abschluss“, in: Frankfurter Allgemeine Sonntagszeitung vom 9. Juni 2013.

HEUSS, THEODOR:
Was ist Qualität? Zur Geschichte und zur Aufgabe des Deutschen Werkbundes, Tübingen und Stuttgart 1951.

HOHNSTRÄTER, DIRK:
„Wissen-was, wissen-wo, wissen-wie. Kulturwissenschaftliche Überlegungen zur Verbraucherkompetenz“, in: Bala, Christian et al. (Hg.): Verbraucher in Geschichte und Gegenwart. Beiträge zur Verbraucherforschung Band 7. Düsseldorf 2017, S. 55–70.

ILLIES, CHRISTIAN:
„Die Architektur als Kunst“, in: Zeitschrift für Ästhetik und Allgemeine Kunstwissenschaft 50 (2005), S. 57–76.

IMKAMP, HEINER:
„Hat Qualität ihren Preis?“, in: Journal für Verbraucherschutz und Lebensmittelsicherheit 9 (2014), S. 203–206.

IN'T VELD, HOLGER:
Schokoladenrebellen. Der Sound der neuen Kakao-Kultur, Frankfurt am Main 2010.

ISAACSON, WALTER:
„Think Different“, in: Harvard Business Manager 5 (2012), S. 23–35.

IYENGAR, SHEENA; LEPPER, MARK:
„When choice is demotivating: Can one desire too much of a good thing?“, in: Journal of Personality and Social Psychology 79 (2000), S. 995–1006.

JOHANSSEN, PASCAL (HG.):
Handmade in Germany. Manufactory 4.0, Stuttgart 2020.

JONG, CEES W. DE (HG.):
Zehn Thesen für gutes Design: Dieter Rams, München 2017.

JULLIEN, FRANÇOIS:
Über die Wirksamkeit, Berlin 1999.

JUN'ICHIRO, TANIZAKI:
Lob der Meisterschaft. Aus dem Japanischen übersetzt und kommentiert von Eduard Klopfenstein, Zürich 2010.

KANT, IMMANUEL:
Kritik der Urteilskraft. Werkausgabe Band X, hg. von Wilhelm Weischedel, Frankfurt am Main 1974.

KARPIK, LUCIEN:
„L'économie de la qualité“, in: Revue française de sociologie 30 (1989), H. 2, S. 187–210.

DERS.:
Mehr Wert. Die Ökonomie des Einzigartigen, Frankfurt am Main/New York 2011.

KELLY, KEVIN:
Cool Tools. A Catalog of Possibilities, Hong Kong 2013.

KENNING, PETER; OEHLER, ANDREAS; REISCH, LUCIA A. (HG.):
Verbraucherwissenschaften. Rahmenbedingungen, Forschungsfelder und Institutionen, 2., überarb. und erw. Aufl., Wiesbaden 2021.

KLANTEN, ROBERT; EHMANN, SVEN; BORGES, SOFIA (HG.):
The Shopkeepers. Storefront Business and the Future of Retail, Berlin 2015.

KÖLBL, CLAUDIA:
„Sie singt und weint“, in: Frankfurter Allgemeine Sonntagszeitung vom 17. Januar 2016.

KÖNIG, GUDRUN M.:
Konsumkultur. Inszenierte Warenwelt um 1900, Wien/Köln/Weimar 2009.

LAMPUGNANI, VITTORIO MAGNAGO:
Die Modernität des Dauerhaften. Essays zu Stadt, Architektur und Design, Berlin 1995.

LANIER, JARON:
Gadget. Warum die Zukunft uns noch braucht, Berlin 2010.

LATOUR, BRUNO:
„Ein vorsichtiger Prometheus? Einige Schritte hin zu einer Philosophie des Designs, unter besonderer Berücksichtigung von Peter Sloterdijk“, in: Hemelsoet, Koenraad et al. (Hg.): Die Vermessung des Ungeheuren. Philosophie nach Peter Sloterdijk, München 2009, S. 356–373.

DERS.:
Eine neue Soziologie für eine neue Gesellschaft. Einführung in die Akteur-Netzwerk-Theorie, Frankfurt am Main 2010.

LIEBL, FRANZ:
„Avant-Goût – Vorüberlegungen zu einer Theorie der Experience Innovation“, in: Düllo, Thomas; Haensch, Konstantin Daniel; Dellasega, Elena (Hg.): Texturen Nr. 3 – Essen/Berlin 2016, S. 187–232.

LINDEMANN, BERND WOLFGANG:
„Kennerschaft und Zuschreibung“, in: Pfisterer, Ulrich (Hg.): Metzler Lexikon Kunstwissenschaft. Ideen, Methoden, Begriffe, Stuttgart 2003, S. 169–172.

LÖWENSTEIN, REINHARD:
„Vom Öchsle zum Terroir. Ein oenologisches Manifest“, in: Frankfurter Allgemeine Zeitung vom 7. Oktober 2003.

LOSKE, REINHARD:
Abschied vom Wachstumszwang. Konturen einer Politik der Mäßigung, Rangsdorf 2010.

LOTTER, WOLF:
„Die Geprellten", in: brand eins 12 (2010), H. 10, S. 52–62.

DERS.:
„Die neue Qualität", in: brand eins 21 (2019), H. 11, S. 44–49.

MAU, STEFFEN:
Das metrische Wir. Über die Quantifizierung des Sozialen, Berlin 2017.

MAMET, DAVID:
Die Kunst der Filmregie, Berlin 2003.

MANSKE, BEATE (HG.):
Wilhelm Wagenfeld (1900–1990), Ostfildern-Ruit 2000.

DIES. (HG.):
Wie wohnen. Von Lust und Qual der richtigen Wahl. Ästhetische Bildung in der Alltagskultur des 20. Jahrhunderts, Ostfildern-Ruit 2004.

MAREIS, CLAUDIA:
Theorien des Designs, Hamburg 2014.

MARX, KARL:
Das Kapital. Kritik der politischen Ökonomie. Erster Band. Buch I: Der Produktionsprozeß des Kapitals, Berlin 1987.

MAX-NEEF, MANFRED:
„Economic growth and quality of life: a threshold hypothesis", in: Ecological Economics 15 (1995), S. 115–118.

MAYER, MARGIT J.:
„Andreas Murkudis: Termin beim Retail-Therapeuten", in: Berliner Zeitung Magazin Nr. 278 vom 28. November 2020.

MEADOWS, DENNIS; MEADOWS, DONELLA; ZAHN, ERICH; MILLING, PETER:
Die Grenzen des Wachstums. Bericht des Club of Rome zur Lage der Menschheit, Reinbek bei Hamburg 1973.

MIEGEL, MEINHARD:
Epochenwende. Gewinnt der Westen die Zukunft? Berlin 2005.

DERS.:
Exit. Wohlstand ohne Wachstum, Bonn 2010.

MOHR, ERNST:
Die Produktion der Konsumgesellschaft. Eine kulturökonomische Grundlegung der feinen Unterschiede, Bielefeld 2020.

MORRISON, JASPER:
„Manifesto", in: Reading Design, https://www.readingdesign.org/manifestos-jasper-morrison, letzter Zugriff am 13. Juni 2021.

DERS.:
The Good Life. Perceptions of the Ordinary, Zürich 2014.

DERS.:
A Book of Things, Zürich 2017.

MOSEBACH, MARTIN:
„Und wir nennen diesen Schrott auch noch schön", in: Frankfurter Allgemeine Zeitung vom 26. Juni 2010.

MÜLLER, LARS (HG.):
Max Bill. Sicht der Dinge. Die gute Form: Eine Ausstellung 1949, Zürich 2015.

MUSSELIN, CHRISTINE; PARADEISE, CATHERINE:
„Quality: a debate", in: Sociologie du travail 47 (2005), S. 89–123.

NERDINGER, WINFRIED (HG.):
100 Jahre Deutscher Werkbund 1907 | 2007, München 2007.

NEWPORT, CAL:
So Good They Can't Ignore You. Why Skill Trumps Passion in the Quest for Work You Love, New York 2012.

NORMAN, DON:
The Design of Everyday Things, Revised and Expanded Edition, New York 2013.

OBERHUBER, NADINE:
„Alles Bio, oder was?", in: Frankfurter Allgemeine Sonntagszeitung vom 17. Januar 2014.

DIES.:
„Vorsicht, Verbraucherschützer", in: Frankfurter Allgemeine Sonntagszeitung vom 26. Januar 2014.

DIES.:
„Grün, grün, grün sind alle meine Kleider", in: Frankfurter Allgemeine Sonntagszeitung vom 11. Mai 2014.

OTT, KONRAD:
Ipso Facto. Zur ethischen Begründung normativer Implikate wissenschaftlicher Praxis, Frankfurt am Main 1997.

PARKER-POPE, TARA:
Four Simple Words to Help You Live Well, in: https://www.nytimes.com/2019/01/02/well/30-day-well-challenge-helping-you-live-well.html, letzter Zugriff am 13. Juni 2021.

PASSIG, KATHRIN; JANDER, JOHANNES:
Weniger schlecht programmieren, Köln 2013.

PAWSON, JOHN:
Minimum, London 1996.

PEHNT, WOLFGANG:
„Ein strenges Glück für alle Deutschen", in: Frankfurter Allgemeine Zeitung vom 6. Oktober 2007.

PETRINI, CARLO:
Gut, sauber & fair. Grundlagen einer neuen Gastronomie, Wiesbaden 2007.

PIRSIG, ROBERT M.:
Zen und die Kunst ein Motorrad zu warten. Ein Versuch über Werte, Frankfurt am Main 1978.

PLATT, THOMAS:
„Nur so geht al dente", in: Frankfurter Allgemeine Sonntagszeitung vom 2. November 2014.

PLOTZEK, JOACHIM M. ET AL. (HG.):
Werk- und Formsammlung. Schenkung Werner Schriefers, Köln 2006.

PODOLNY, JOEL M.; HANSEN, MORTON T.:
„How Apple Is Organized For Innovation", in: https://hbr.org/2020/11/how-apple-is- organized-for-innovation, letzter Zugriff am 13. Juni 2021.

POLANYI, MICHAEL:
Implizites Wissen, Frankfurt am Main 1985.

POLLAN, MICHAEL:
Food Rules. An Eater's Manual, New York 2009.

POPPE, JOHANN HEINRICH MORITZ VON:
Ausführliche Volkswaarenkunde für alle Stände oder deutliche Beschreibung aller rohen und verarbeiteten Naturprodukte, Kunst-Erzeugnisse und Handels-Artikel; sowohl zum Privatgebrauch für Kaufleute, Kommissionäre, Mäckler, Handwerker, Fabrikanten, Künstler, Landwirthe, Apotheker, Hausväter & Hausmütter als auch für Lehrer und Schüler in Handels-, Gewerb- und Realschulen, Schwäbisch Gmünd 1836.

PRIEWE, JENS:
Wein. Die große Schule, München 2017.

PRIDDAT, BIRGER:
„Ernähren, Essen, Schmecken, Genießen. Über kulturelle Formen der Transparenz", in: Jansen, Stephan A.; Schröter, Eckhard; Stehr, Nico (Hg.): Transparenz. Multidisziplinäre Durchsichten durch Phänomene und Theorien des Undurchsichtigen, Wiesbaden 2010, S. 215–238.

DERS.:
Economics of persuasion. Ökonomie zwischen Markt, Kommunikation und Überredung, Marburg 2014.

PROSERPIO, DAVIDE; HOLLENBECK BRETT; HE, SHERRY:
„How Fake Customer Reviews Do – and Don't – Work", in: https://hbr.org/ 2020/11/how-fake-customer-reviews-do-and-dont-work, letzter Zugriff am 13. Juni 2021.

RAMS, DIETER:
Weniger, aber besser, Hamburg 1995.

RANDOW, GERO VON:
Genießen. Eine Ausschweifung, Hamburg 2001.

RASCHE, UWE:
„Design bestimmt das Bewusstsein", in: brand eins 6 (2009), S. 106–111.

RAUTERBERG, HANNO:
Und das ist Kunst?! Eine Qualitätsprüfung, Frankfurt am Main 2007.

RAWSTHORN, ALICE:
Hello World. Where Design Meets Life, London 2013.

RECKWITZ, ANDREAS:
Die Gesellschaft der Singularitäten. Zum Strukturwandel der Moderne, Berlin 2017.

DERS.:
Das Ende der Illusionen. Politik, Ökonomie und Kultur in der Spätmoderne, Berlin 2019.

REICH, ROBERT:
Die neue Weltwirtschaft. Das Ende der nationalen Ökonomie, Frankfurt am Main 1996.

REICHENSTEIN, OLIVER:
Multichannel Text Processing, in: https://ia.net/topics/multichannel-text-processing, letzter Zugriff am 13. Juni 2021.

RILKE, RAINER MARIA:
Briefe, hg. vom Rilke-Archiv in Weimar, in Verbindung mit Ruth Sieber-Rilke besorgt durch Karl Altheim, Frankfurt am Main 1930, 2. Aufl. 1966, S. 898 f.

RÜBEL, DIETMAR; WAGNER, MONIKA; WOLFF, VERA (HG.):
Materialästhetik. Quellentexte zu Kunst, Design und Architektur, Berlin 2005.

SAILLARD, OLIVIER:
An ABC of Hermès Crafts, Arles 2012.

SALTUS, EDGAR:
Oscar Wilde. An Idler's Impression, Chicago 1917.

SCHAAF, JULIA; HUMMEL, KATRIN:
„Sind Sie trotzdem ein Bio-Typ?“, in: Frankfurter Allgemeine Sonntagszeitung vom 9. September 2012.

SCHIPP, ANKE:
„Wenn Luxus billig wird“, in: Frankfurter Allgemeine Sonntagszeitung vom 9. Dezember 2007.

SCHIVELBUSCH, WOLFGANG:
Das verzehrende Leben der Dinge. Versuch über die Konsumtion, München 2015.

SCHLAUDT, OLIVER:
Die politischen Zahlen. Über Quantifizierung im Neoliberalismus, Frankfurt am Main 2018.

SCHMITT, PETER-PHILIPP:
„Auf Biegen und Brechen“, in: Frankfurter Allgemeine Sonntagszeitung vom 19. Mai 2002.

SCHÖNBURG, ALEXANDER VON:
Die Kunst des stilvollen Verarmens. Wie man ohne Geld reich wird, Berlin 2005.

SCHULZE, GERHARD:
„Vom Versorgungs- zum Erlebniskonsum“, in: gdi impuls 11 (1993), H. 3, S. 15–29.

SCHWARTZ, BARRY:
Anleitung zur Unzufriedenheit. Warum weniger glücklicher macht, Berlin 2004.

SCHWARTZ-CLAUSS, MATHIAS; VON VEGESACK, ALEXANDER (HG.):
Die Essenz der Dinge, Weil am Rhein 2010.

SCHWARZER, MARIE-SOPHIE:
„E Tautz Blackburn, UK“, in: Monocle 87 (Oktober 2015), S. 172.

SEITZ, EMANUEL:
List und Form. Über Klugheit, Frankfurt am Main 2019.

SENNETT, RICHARD:
Handwerk, Berlin 2008.

SIEBECK, FLORIAN:
„Den Alltag vereinfacht“, in: Frankfurter Allgemeine Zeitung vom 13. Februar 2015.

SIMMEL, GEORG:
Philosophie des Geldes. Gesamtausgabe Bd. 6, Frankfurt am Main 1989.

SOMBART, NICOLAS:
Rendezvous mit dem Weltgeist. Heidelberger Reminiszenzen 1945–1951, Frankfurt am Main 2000.

SOMBART, WERNER:
Liebe, Luxus und Kapitalismus. Über die Entstehung der modernen Welt aus dem Geist der Verschwendung, Berlin 1983.

STEHR, NICO:
Die Moralisierung der Märkte. Eine Gesellschaftstheorie, Frankfurt am Main 2007.

STROBEL Y SERRA, JAKOB:
„Schluss mit der Geschmacklosigkeit“, in: Frankfurter Allgemeine Zeitung vom 12. März 2012.

DERS.:
„Wallfahrt zum Wein“, in: Frankfurter Allgemeine Zeitung vom 2. September 2016.

SUROWIECKI, JAMES:
The Wisdom of Crowds. Why the Many are Smarter than the Few and How Collective Wisdom Shapes Business, Economics, Society and Nations, London 2004.

TEIL, GENEVIÈVE; HENNION, ANTOINE:
„Discovering quality or performing taste? A sociology of the amateur“, in: Harvey, Mark; McMeekin, Andrew; Warde, Alan (Hg.): Qualities of food, Manchester 2004, S. 19–37.

THEISE, TERRY:
Mein Wein. Das Plädoyer gegen den globalen Einheitswein, Berlin 2012.

THOMAS, DANA:
Deluxe. How Luxury Lost Its Lustre, London 2007.

THOMAS, PATRICK:
„Unser Glück ist es, dauerhafte und universelle Werte zu leben“, in: FOCUS Magazine 01 (2009), S. 62–67.

TROJANOW, ILIJA:
Gebrauchsanweisung fürs Reisen, München 2018.

TUCK, ANDREW; RODRIGUEZ TARDITI, SANTIAGO (HG.):
The Monocle Guide to Better Living, Berlin 2013.

UCHATIUS, WOLFGANG:
„Das Welthemd“, in: Die Zeit vom 16. Dezember 2010.

UGOLINI, ALISSA:
„Coffee in Berlin: Bonanza Coffee Heroes“, in: https://web.archive.org/web/20140305010240/http://www.stilinberlin.de/2014/02/coffee-in-berlin-bonanza-coffee-heroes.html, letzter Zugriff am 13. Juni 2021.

ULLRICH, WOLFGANG:
Habenwollen. Wie funktioniert die Konsumkultur? Frankfurt am Main 2006.

DERS.:
Alles nur Konsum. Kritik der warenästhetischen Erziehung, Berlin 2013.

VEBLEN, THORSTEIN:
Theorie der feinen Leute. Eine ökonomische Untersuchung der Institutionen, Frankfurt am Main 2007.

WAGENFELD, WILHELM:
Wesen und Gestalt der Dinge um uns, Worpswede 1990.

WECHSBERG, JOSEPH:
Die besten Dinge im Leben, Frankfurt am Main 1964.

WEIGUNY, BETTINA:
„Was kostet ein Hemd?“, in: Frankfurter Allgemeine Sonntagszeitung vom 16. Dezember 2007.

WERKBUNDARCHIV – MUSEUM DER DINGE, BERLIN (HG.):
Kampf der Dinge. Der Deutsche Werkbund zwischen Anspruch und Alltag, Leipzig 2007.

DASS.; VOLKERS, IMKE (HG.):
Böse Dinge. Eine Enzyklopädie des Ungeschmacks, Berlin 2013.

DASS.; FLAGMEIER, RENATE (HG.):
Made in Germany. Politik mit Dingen. Der Deutsche Werkbund um 1914, Berlin 2017.

WIEBKING, JENNIFER:
„Garn aus Italien, gestrickt in Deutschland, genäht in Rumänien“, in: Frankfurter Allgemeine Sonntagszeitung vom 5. Oktober 2014.

WILKESMANN, MAXIMILIANE & UWE:
Nicht nur eine Frage des guten Geschmacks! Die Organisation der Spitzengastronomie, Wiesbaden 2020.

WIND, EDGAR:
„Kritik des Kennertums“, in: ders.: Kunst und Anarchie. Die Reith Lectures 1960, Frankfurt am Main 1979, S. 38–55.

YANGJUNM, PENG; JIAOJIAO, CHEN (HG.):
Brands A to Z: Muji, London 2007.

ZABALBEASCOA, ANATXU; RODRIGUEZ MARCOS, JAVIER:
minimalisms, Barcelona 2000.

ZOLLONDZ, HANS DIETER; KETTING, MICHAEL; PFUNDTNER, RAIMUND (HG.):
Lexikon Qualitätsmanagement. Handbuch des Modernen Managements auf Basis des Qualitätsmanagements. 2., komplett überarb. u. erw. Aufl., Berlin/Boston 2016.

ZUMTHOR, PETER:
Architektur Denken. 2., erw. Aufl., Basel 2006.

DERS.:
Atmosphären. Architektonische Umgebungen. Die Dinge um mich herum. Basel 2006.

ZWEIG, STEFAN:
Die Welt von Gestern. Erinnerungen eines Europäers, Frankfurt am Main 1970.

Der Autor

DIRK HOHNSTRÄTER ist Kulturwissenschaftler, Autor und Experte für kulturelle Aspekte der Wirtschaft. Er leitet die Forschungsstelle Konsumkultur der Universität Hildesheim und ist Gastprofessor an der Universität der Künste Berlin. Zuvor lehrte er an Hochschulen im In- und Ausland, darunter fünf Jahre in Budapest und ein Jahr in den Vereinigten Staaten. Zu seinen aktuellen thematischen Schwerpunkten zählen ästhetische Ökonomie, materielle Kultur und Textproduktion.

Liebe Leserin, lieber Leser,

Hat Ihnen dieses Buch gefallen?
Wollen Sie weitere Informationen zum Thema?
Möchten Sie mit dem Autor in Kontakt treten?
Wir freuen uns auf Austausch und Anregung!

leserbrief@brandstaetterverlag.com

Brandstätter Verlag
Wickenburggasse 26, 1080 Wien
Telefonnummer: 0043 1 512 15 430

Wir sagen Danke. Bleiben wir in Verbindung!
Lassen Sie sich inspirieren!

Gute Geschichten, schöne Geschenkideen auf
www.brandstaetterverlag.com

Teilen macht Freude!
#qualität! #dirkhohnsträter #diedingedeslebens

IMPRESSUM

1. Auflage 2021

Designed in Austria, printed in the EU

ISBN 978-3-7106-0509-3

Cover- und Buchgestaltung:
Bleed Vienna
Satz und Umbruch: Johanna Kurz
Lektorat: Katharina Theml
Korrektorat: Arnold Klaffenböck
Autorenfoto: Julia Steinigeweg
Projektleitung: Judith E. Innerhofer

WIR TRAGEN VERANTWORTUNG

Dieses Buch wurde auf hochwertigem, FSC®-zertifiziertem Naturpapier gedruckt.

Für die Druckproduktion und Endfertigung wurde auf umweltfreundliche, ressourcenschonende und schadstofffreie Produktionsweisen und Materialien geachtet. Die Druckerei ist FSC®-zertifiziert (FSC-C106600); als Mitglied von ClimatePartner ermöglicht die Druckerei ihren Kunden die Option von klimaneutralen Produktionen.

Diese international anerkannten, unabhängigen und regelmäßig überprüften Standards gewährleisten eine umweltgerechte, sozial verträgliche, nachhaltige und ökonomisch tragfähige Nutzung entlang der gesamten Wertschöpfungskette Holz, vom Baum bis zum Buch.

FSC
www.fsc.org
MIX
Papier aus verantwortungsvollen Quellen
FSC® C106600